Uit het leven gegrepen:

beschouwingen rond een leven na de dood

drs. Titus Rivas

2

Uit het leven gegrepen

Titus Rivas

Lulu.com

Er is vaak genoeg iemand teruggekomen om te vertellen hoe het er is
(variatie op bekend gezegde)

Voor dr. Jamuna Prasad, dr. K.S. Rawat, dr. B. Shamsukha en N. Jalan,
mijn Indiase vrienden van Valencia 1991

ISBN 978-1-4477-5939-3

Inhoudsopgave

Voorwoord

In dit boek sta ik stil bij ervaringen rond een persoonlijk overleven na de fysieke dood. Er komen zowel verslagen in voor van eigen onderzoekingen van Stichting Athanasia als theoretische beschouwingen. Athanasia is een Nederlandse stichting met internationale contacten die parapsychologisch en filosofisch onderzoek doet naar leven na de dood en de evolutie van de persoonlijke ziel.

Alle zestien hoofdstukken kunnen afzonderlijk gelezen worden. Ze hebben met elkaar gemeen dat ze de neerslag zijn van eigen empirisch onderzoek of denkwerk dat ik de laatste jaren (alleen of met anderen, met name Anny Dirven) voor Athanasia en Stichting Wetenschappelijk Reïncarnatieonderzoek heb verricht. Overigens sluiten de hoofdstukken inhoudelijk goed op elkaar aan en komen bepaalde onderwerpen meermalen terug zodat de lezer er des te beter in thuis kan raken.

Veel stukken zijn bewerkingen van gepubliceerde artikelen, maar een aantal ervan is nog niet eerder in gedrukte vorm verschenen. Sommige hoofdstukken behandelen thema's die ook al in een vorig boek, *Parapsychologisch onderzoek naar reïncarnatie en leven na de dood*, aan bod zijn gekomen, maar dan wel gedetailleerder dan daarin mogelijk was.
De literatuurverwijzingen bij alle hoofdstukken zijn ondergebracht in een apart gedeelte, dat ik *Literatuur* heb genoemd.

De kaft toont een Egyptisch amulet met symbolen voor onsterfelijkheid, waaronder de welbekende scarabee.

Dit boek is in twee eerdere drukken verschenen bij de uitgeverij die vroeger Koopman & Kraaijenbrink heette en uiteindelijk eindigde als printservice. In september dit jaar heb ik besloten deze bundel opnieuw uit te brengen via Lulu.com en daarbij zijn enkele artikelen aan de oorspronkelijke uitgave toegevoegd. Anny Dirven nam daarbij de correctie voor haar rekening.

Hopelijk inspireren de beschouwingen tot eigen overpeinzingen over wat er na de dood met ons gebeurt. Mochten er onder mijn lezers mensen zijn die zelf ervaringen hebben op dit gebied, dan wil ik hen vriendelijk verzoeken contact op te nemen met stichting Athanasia, zie het adres achter in dit boek.

Voor de realisering van dit boek ben ik dank verschuldigd aan: Lucía Altares (Iris Farczády), dr. Adela Amado, Amir en Eliane, dr. Zsolt Bánhegyi, Mary Rose Barrington, Lucie de Bazel, Ariadne Belmer, Pablo Campo Carrera, René van Delft, Anny Dirven, dr. Hein van Dongen, drs. Bob van Dorp, drs. Marcel Engeringh, Harindra Fernando, dr. Hans Gerding, dr. Erlendur Haraldsson, Anja Janssen, drs. Marlies de Jonge, Hicham Karroue, Hafid Laaguid, dr. Pim van Lommel, Johan Martens, Ignacio Minaya Sánchez, dr. Donald A. Morse, prof. dr. Peter Mulacz, Marleen Oosterbaan, Amélie Picard, Leon Pliester, dr. Jamuna Prasad, dr. K.S. Rawat, Pierre Rezus, Corrie Rivas-Wols, dr. B. Shamsukha, Imam Saglam, Zeynep Saglam-Yazlik: Rudolf H. Smit, Céline Thoden van Velzen, Gyula Toth, prof. dr. Cornelis Verhoeven, dr. Ruud van Wees, drs. Pieter van Wezel, drs. Louis de Windt, Baki Yazlik en mijn huisdieren Cica, Guusje, Jerry, Takkie en Moortje.

drs. Titus Rivas, herfst 2011

Hoofdstuk 1. Ian Stevenson, onderzoeker van reïncarnatieherinneringen

Het empirische reïncarnatieonderzoek is geen modieuze bevlieging van de New Age-beweging. Het bestaat in Aziatische landen zoals India en Japan al eeuwenlang. Ook in het Westen is er zeker sinds de negentiende eeuw belangstelling voor beweringen over vorige levens. Bekende namen in dat verband zijn Allan Kardec (die de grondlegger werd van de grote spiritistische beweging van het 'Kardecismo' in landen als Brazilië) en Albert de Rochas. De belangrijkste Amerikaan die zich bezig houdt met het vraagstuk van wedergeboorte is ongetwijfeld dr. Ian Stevenson. Niemand heeft hem tot op heden overtroffen in het systematisch verzamelen van empirische gevallen op dit gebied.

Loopbaan

Ian Stevenson werd geboren in Montreal (Quebec) op 31 oktober 1918. Hij studeerde medicijnen aan de Mc Gill Universiteit en sloot zijn studies af in 1943. In 1947 trouwde hij met zijn vrouw Margaret. Stevenson was aan verschillende medische instellingen verbonden als psychiater. Vanaf 1967 werd hij 'Carlson' hoogleraar in de psychiatrie aan de Universiteit van Virginia. Deze benaming heeft te maken met een reeds overleden uitvinder van kopieermachines die een leerstoel voor parapsychologisch onsterfelijkheidsonderzoek heeft bekostigd.

Naast verscheidene boeken over reïncarnatieonderzoek schreef hij in de loop van zijn carrière ook nog een boek over telepathische indrukken, en bovendien twee handleidingen: *The Diagnostic Interview* en *The Psychiatric Examination*. Daarnaast schreef hij talrijke artikelen, onder andere over mediumschap en verschijningen. Hij was ook betrokken bij het onderzoek naar de 'gedachtefotografie' van Ted Serios en andere onderzoekingen van spontane fenomenen.

Zijn grootschalig onderzoek van uitspraken over vorige levens begon met een overzicht van de literatuur die er tot dan toe over dit onderwerp was verschenen. Hij besteedt in dit klassieke *The Evidence for Survival from Claimed Memories of Former Incarnations* in 1960 gepubliceerd in de Journal of the American Society for Psychical Research, en als monografie, onder meer aandacht aan het Japanse geval Katsugoro uit de vorige eeuw en natuurlijk aan het Indiase meisje Shanti Devi dat in de jaren dertig veel ophef veroorzaakte.

Vanaf de jaren zestig is Ian Stevenson zelf ook empirisch onderzoek gaan doen naar reïncarnatie, met name ook in Aziatische landen zoals India, Sri Lanka, Thailand en Birma (tegenwoordig bekend staand als Myanmar). Sindsdien hebben hij en zijn team meer dan tweeduizend gevallen van overwegend kinderen verzameld die zich vorige levens menen te kunnen herinneren. Hij heeft daarbij veel samengewerkt met inlandse onderzoekers, zoals Jamuna Prasad, Satwant Pasricha, Hernani Guimaraes Andrade, K.S. Rawat en Godwin Samararatne. Aan zijn eigen universiteit hebben natuurlijk ook mensen meegedaan aan dit onderzoek zoals Emily Cook en Antonia Mills.

Stevenson en de parapsychologie
In de loop der jaren heeft Ian Stevenson zich afgekeerd van de hoofdstroom binnen de parapsychologie die meent dat deze zich moet manifesteren als aparte, respectabele wetenschap van paranormale verschijnselen. Hij meent dat de parapsychologie dit lang genoeg heeft geprobeerd en dat zij bijna volledig gefaald heeft in haar streven. Door steeds maar te proberen zich te bewijzen als natuurwetenschap heeft zij zich blindgestaard op oninteressante experimenten die slechts zeer geringe effecten konden aantonen. Het is volgens Stevenson weliswaar van belang dat bijvoorbeeld de Ganzfeld-experimenten aantonen dat er buitenzintuiglijke waarneming bestaat, maar zulke experimenten doen volgens hem toch geen recht aan de rijkdom van de natuurlijke fenomenen op dit gebied. De irrationele skeptici overtuig je toch niet met dit soort experimenten en het is zonde
als men het veldwerk laat liggen ten behoeve van een eenzijdige experimentele benadering. Als de parapsychologie opgevat wordt als experimenteel onderzoek van uitsluitend controleerbare PSI-verschijnselen, is zij volgens Stevenson dan ook 'doomed', dat wil zeggen: gedoemd te verdwijnen. In plaats daarvan bepleit hij een terugkeer naar (of beter voortzetting van) de tijd van de 'psychical research', waarbij de natuurlijke spontane verschijnselen centraal staan en bestudeerd worden met de methoden van al langer bestaande wetenschappen, zoals psychologie en culturele antropologie. Dit wil dus helemaal niet zeggen dat hij pleit voor een onwetenschappelijke benadering van paranormale verschijnselen.
Binnen de parapsychologie blijft het overigens zo dat Ian Stevenson beschouwd wordt als een groot onderzoeker van spontane

verschijnselen. Alleen wanneer men meent dat 'psychical research' uit de tijd is binnen de moderne parapsychologie, of dat een hypothese als reïncarnatie bij voorbaat uitgesloten moet worden, kan men het belang van iemand als dr. Stevenson miskennen.

Persoonlijkheid

Ik heb Stevenson zelf slechts één keer ontmoet, maar correspondeer verder al bijna 20 jaar met hem. Daardoor heb ik toch wel enigszins een beeld van zijn persoonlijkheid.

Het eerste dat opvalt bij Stevenson is zijn 'elegante degelijkheid'. Die komt ook in zijn boeken tot uiting. Stuk voor stuk zijn dit niet alleen uiterst systematisch geschreven werken op hoog wetenschappelijk niveau, maar bovendien genoeglijke, spannende verslagen die je in gezelschap aan elkaar kunt voorlezen. Zijn uiterlijk en voorkomen zijn bescheiden en traditioneel te noemen en op verschillende mensen maakt hij de indruk eerder Brits dan een Amerikaan te zijn. Hij heeft een duidelijk talent om teams te leiden, zelfs als er aanzienlijke culturele verschillen zijn.

Wat Stevenson zeker niet bezit, is een hang naar zweverige fantasieën. Hij is zelfs uiterst wars van sensationalistische presentaties van zijn onderzoek, en vermijdt afbeeldingen in zijn boeken, tenzij ze iets wezenlijks toevoegen. In plaats daarvan is hij steeds op zoek naar feiten die liefst natuurlijk zoveel mogelijk verifieerbaar zijn. Ook met rationalistische beschouwingen houdt hij zich niet veel bezig. Filosofisch blijft zijn positie rond wat er nu precies zal reïncarneren ietwat in het vage steken. Enerzijds heeft hij het over een 'psychofoor', een soort voertuig voor allerlei persoonlijkheidskenmerken, wat een duidelijke overeenkomst vertoont met impersonalistische concepten van bijvoorbeeld het Mahayana-boeddhisme. Maar anderzijds benadrukt hij in een brief aan mij weer dat hij er wel van uitgaat dat er een 'zelf' bestaat dat meer is dan de som of bundeling van persoonlijkheidskenmerken, wat dus duidelijk weer een personalistisch concept is zoals in het hindoeïsme. De hele kwestie impersonalisme/personalisme die voor sommige filosofen (waaronder ikzelf) belangrijk zou kunnen zijn als basis voor empirische theorievorming, heeft Stevensons interesse klaarblijkelijk niet zo sterk. Hij is veeleer een geduldige empiricus en dan wel een heel integere en gewetensvolle.

Die integriteit is bijvoorbeeld ook te zien in zijn houding ten opzichte

van de Indiase onderzoeker Banerjee. Deze had de gegevens bij een bepaald geval een beetje 'aangepast'. Ondanks het feit dat Stevenson met Banerjee had samengewerkt, heeft hij het toch niet voor hem opgenomen maar besloten hem voortaan volledig te negeren.
Diezelfde houding van de integere empiricus maakt ook dat hij openstaat voor vragen van tamelijk onbekende studenten. Hij heeft in 1987 zelfs ingestemd met een bezoek van mijn broer Esteban Rivas en mij aan Cambridge (Engeland), waar hij werkte aan een nieuw boek. Aldaar hebben we samen de lunch gebruikt en aansluitend allerlei vraagstukken doorgenomen. Ian Stevenson deed zich daarbij een beetje voor als de vaderlijke expert die jonge studenten probeert te stimuleren. Overigens kwam hierbij ook zijn bijna uitsluitend empirische oriëntatie duidelijk naar voren. Mijn broer en ik meenden theoretisch goed onderlegd te zijn en zelfs interessante nieuwe gezichtspunten naar voren te kunnen brengen. Maar Stevenson redeneerde duidelijk als volgt: Deze studenten zijn nog jong en onervaren en hebben dus automatisch betrekkelijk weinig ervaring met empirisch onderzoek. Daarom doen hun theoretische gezichtspunten er nog niet toe.

Stevensons interpretatie van gevallen

Naast het grote belang van Ian Stevenson als degene die de grootste verantwoord onderzochte collectie van herinneringen aan vorige levens heeft aangelegd, is hij vooral belangrijk als de onderzoeker die alternatieve (normale en parapsychologische) verklaringen voor individuele gevallen systematisch heeft uitgesloten.
Daarbij moeten we constateren dat Ian Stevenson zich niet op de eerste plaats richt op gevallen van hypnotische regressie - hij waarschuwt zelfs voor het experimenteren daarmee - maar op spontane gevallen van jonge kinderen. Zo'n kind beweert zo ergens rond zijn of haar derde jaar al eens eerder te hebben geleefd. Het noemt daarbij allerlei details en vertoont emoties en gedragingen die in verband staan met dat vorige leven. Soms is er ook sprake van moedervlekken en geboorteafwijkingen die te maken lijken te hebben met de dood die bij dat vorige leven hoorde. En ten slotte is er bij sommige gevallen zelfs sprake van (woorden uit) vreemde talen of dialecten die het kind onmogelijk in dit leven kan hebben geleerd, of van vaardigheden zoals zang en dans.
Ian Stevenson is een degelijke empiricus, dus het eerste dat hij natuurlijk probeert uit te sluiten is boerenbedrog. Helaas wordt er in het

westen door skeptici bijna steevast van uitgegaan dat alle spontane gevallen van herinneringen aan vorige levens berusten op bedrog. De eerste prestatie die Stevenson wat dat betreft dan ook heeft geleverd, is aantonen dat hier slechts in een klein aantal gevallen sprake van is. Sterker nog, dat daar alleen in een minderheid sprake van kan zijn. In de meeste gevallen zou dat namelijk een grote samenzwering vereisen, die niet te realiseren zou zijn en soms zelfs in zou gaan tegen de belangen van een groot deel van de betrokkenen.

Ook 'cryptomnesie', een proces waarbij iemand onbewust feitjes over anderen die men gelezen, gehoord of in een film gezien heeft omvormt tot 'herinneringen' aan gebeurtenissen die de persoon zelf heeft meegemaakt, en fantasie zijn hypothesen waar Stevenson zeer uitgebreid bij stil heeft gestaan. Over cryptomnesie heeft hij zelfs een afzonderlijk artikel geschreven in een algemenere context (eindnoot). Deze hypothesen kunnen allebei een deel van de gevallen verklaren, maar wederom slechts een minderheid.

De voornaamste mededinger van de reïncarnatiehypothese is van oudsher ten slotte de hypothese dat het hier om buitenzintuiglijke waarneming (ESP) gaat. Aanvankelijk nam Stevenson deze nog serieus, hoewel hij aangaf waarom zij belangrijke aspecten van gevallen niet kon verklaren, zoals emoties, vaardigheden en moedervlekken. Later is hij hier echter op teruggekomen. Hij stelt sindsdien dat de ESP-hypothese geen serieuze alternatieve hypothese is, omdat er geen spontane gevallen bekend zijn van kinderen die in een dergelijke mate paranormale gegevens tot zich nemen via ESP. In plaats daarvan concentreerde hij zich op de cryptomnesie, hoewel hij al had aangegeven dat die slechts een deel van de gevallen kan verklaren. Hoewel Ian Stevenson als oerdegelijke empiricus heel voorzichtig blijft in het doen van theoretische uitspraken, kan men tussen de regels door lezen dat hij ervan overtuigd is dat sommige van zijn gevallen alleen bevredigend verklaard kunnen worden door een reïncarnatiehypothese. Bovenal tracht Stevenson alle individuele gevallen afzonderlijk te verklaren, maar daarnaast maakt hij ook nog gebruik van de zogenaamde faggot-benadering. Dat houdt in dat afzonderlijke gevallen steeds bepaalde zwakke punten kunnen hebben, maar dat ze gebundeld (vandaar 'faggot', takkenbos, het heeft m.a.w. niets te maken met *slang*) opeens sterker staan.

Ten slotte is er nog een derde benadering te bespeuren in Stevensons theoretische beschouwingen: De speurtocht naar zogeheten 'perfecte gevallen', dat wil zeggen gevallen met weinig of geen zwakke kanten. Perfecte gevallen zouden het bewijsmateriaal inderdaad nog sterker maken. Maar Ian Stevenson wijst er zelf terecht op dat er nu reeds een harde kern bestaat van goede tot zeer goede gevallen die men niet zo maar kan loochenen. Het gaat om gevallen als dat van Imad Elawar uit Libanon, waarbij de zoektocht naar gegevens over het vorige leven voorafgegaan wordt door het vastleggen van de uitspraken van het kind. Dat zijn dus de gevallen waarbij sprake is van 'written records', geschreven rapporten die opgesteld zijn vóór elke vorm van verificatie. Een recenter voorbeeld is dat van Subashini. Dit kind werd geboren in het westelijke deel van Sri Lanka in 1980. Toen ze ongeveer drie jaar oud was, zei ze voor het eerst dat ze gedood was bij een aardverschuiving bij een plaats Sinhapitiya genaamd, in Gampola. Dit is ongeveer 95 kilometer verwijderd van de gemeenschap waarin Subashini woont. Er had daar inderdaad een aardverschuiving plaatsgevonden, en wel in 1977. Het was de enige aardverschuiving met dodelijke ongelukken voor zover levende getuigen zich dat konden herinneren; 25 van de 32 uitspraken van Subashini waren correct en specifiek voor een kind van een bepaalde familie; de overige waren onjuist of onverifieerbaar. Ook al had Subashini's moeder familieleden in de streek rond Sinhapitiya wonen, deze wisten toch niets over het kind met wiens leven de uitspraken van Subashini overeenkwamen.

Stevensons geschriften over reïncarnatie

Ian Stevenson heeft een flink aantal dikke pillen geschreven over reïncarnatieonderzoek. Daarnaast heeft hij in parapsychologische, psychiatrische en aanverwante tijdschriften artikelen gepubliceerd over dit onderwerp.

Klassiek, en ook in het Nederlands vertaald is *Twenty Cases Suggestive of Reincarnation*, waarin Stevensons degelijke methodologie, twintig representatieve gevallen, en zijn voornaamste theoretische inzichten worden behandeld. (Dit omvangrijke werk ligt overigens bij De Slegte). Voor de liefhebbers behandelt hij nog eens vierenveertig gevallen in de vierdelige serie *Cases of the Reincarnation Type*, achtereenvolgens afkomstig uit India, Sri Lanka, Libanon en Turkije, en Thailand en Birma. Opnieuw komt ook in deze serie een theoretische beschouwing aan bod.

Voorts heeft hij twee interessante boeken over xenoglossie geschreven, dat wil zeggen het spreken in vreemde tongen, namelijk *Xenoglossy* en *Unlearned Language*. Hij weet in deze boeken aannemelijk te maken dat er gevallen bestaan van mensen die in verband met vorige levens in staat blijken een vreemde taal te spreken die ze nooit (in die mate) in dit leven hebben geleerd. In 1987 publiceerde hij zijn belangrijke boek *Children who remember previous lives*, wederom bij de University Press of Virginia, een nieuw overzichtswerk. Daarin gaat hij in op de gebruikelijke tegenwerpingen gericht tegen de reïncarnatiehypothese, zoals de vraag hoe reïncarnatie te rijmen is met de toename van het aantal mensen op de wereld. Maar ook staat hij in dit boek stil bij allerlei wetmatigheden die hij in zijn collectie gevallen heeft aangetroffen. Bijzonder boeiend aan dit boek zijn ook nog de sprekende Westerse spontane gevallen van kinderen die zich vorige levens herinneren.

In 1997 slaagde Stevenson erin zijn boeken over moedervlekken en aangeboren afwijkingen in verband met vorige levens te publiceren, *Reincarnation and Biology* (bedoeld voor een wetenschappelijk lezerspubliek) en *Where reincarnation and biology intersect* (voor een algemener publiek). Dit laatste boek is inmiddels voor Ankh-Hermes voortreffelijk vertaald door Ruud van Wees, onder de titel *Bewijzen voor reïncarnatie*. Sinds de millenniumwisseling is hij overigens al weer bezig aan een nieuw boek, gewijd aan bewijskrachtige Europese reïncarnatiegevallen.

Ian Stevenson als de Darwin van de geest

In de vorige eeuw publiceerde Charles Darwin zijn beroemde *Origin of Species* en dit vormde de basis voor de biologische evolutietheorie die sindsdien in grote lijnen bijna algemeen aanvaard is. In 1987 was Ian Stevenson op 'sabbatical leave' te Cambridge, alwaar hij in het Darwin College werkte aan nieuwe boeken. Een mooi symbool voor de eer die deze persoonlijkheid naar mijn idee zeker toekomt.

Wat Darwin heeft betekend voor de biologische evolutietheorie, zal Stevenson eens blijken te hebben betekend voor de psychologische evolutietheorie: de evolutie van de persoonlijke ziel of geest door verscheidene levens heen, die door hem zelf wordt aangeduid als 'personal evolution'. Nog nooit eerder is iets wat zo ontastbaar en mystiek leek als reïncarnatie zo aannemelijk gemaakt als door het levenswerk van Ian Stevenson. Het is te verwachten dat reïncarnatie van de persoonlijke ziel nog generaties lang door allerlei groeperingen geloochend zal worden. Maar het is al evenzeer te verwachten dat de geïnformeerde voorhoede vroeg of laat een Stevensoniaanse revolutie zal ontketenen die qua omvang en belang alleen maar te vergelijken valt met de Darwinistische.

Eindnoot
Een schokkend recent geval van fantasie-herinneringen dat, buiten de context van reïncarnatieonderzoek, laat zien in hoeverre bepaalde volwassenen in staat zijn om zichzelf of anderen te bedriegen, is dat van Binjamin Wilkomirski alias Bruno Grosjean (zie: Stefan Maechler, 2001). Ian Stevenson toont zich vanaf het begin van zijn carrière zeer goed op de hoogte van de literatuur over dergelijke gevallen van valse identiteit. Toch wordt dit geheel miskend door een scepticus als J.W. Nienhuys. De vertekenende karikatuur die Nienhuys (1989) in Skepter van Ian Stevenson geeft (zonder dat de redactie hem tot de orde heeft geroepen), weerspiegelt zonder twijfel het wetenschappelijke gehalte van dit tijdschrift.

Hoofdstuk 2. In Memoriam Ian Stevenson

Op 8 februari 2007 overleed dr. Ian Stevenson, emeritus hoogleraar aan de Faculteit Persoonlijkheidsleer van de Universiteit van Virginia te Charlottesville.

Ian Stevenson werd geboren op 31 oktober 1918 te Montreal (Canada) als zoon van de Schotse jurist John Stevenson. Zijn moeder Ruth Preston Stevenson bezat een grote bibliotheek over paranormale verschijnselen. Na een studie geneeskunde aan de St. Andrew's University in Schotland en de McGill Universiteit in Montreal werkte hij enige tijd bij ziekenhuizen in Canada en de V.S. Hij interesseerde zich sterk voor psychosomatische aandoeningen en besloot zich te specialiseren in de psychiatrie. Stevenson experimenteerde een tijdje met geestverruimende drugs zoals LSD en verwierp het psychoanalytische model van Freud van de ontwikkeling van de persoonlijkheid. In 1957 werd hij psychiater aan de Universiteit van Virginia. Reeds in de jaren '50 raakte Stevenson geboeid door het onderwerp kinderen met herinneringen aan vorige levens. Hij voerde een grondig literatuuronderzoek uit dat in 1960 werd gepubliceerd, *The evidence for survival from claimed memories of former incarnations*. Chester Carlson, de uitvinder van de Xerox kopieermachines, vond dit artikel zo belangrijk dat hij besloot Stevensons eigen veldwerk op dit gebied te sponsoren. Vanaf 1961 reisde de psychiater af naar verre landen als India, Sri Lanka, Libanon, Turkije, Burma, Thailand en Brazilië. In totaal verzamelde hij meer dan 2500 gevallen, waaronder ook gevallen uit Europa en Amerika. Hij deed nauwkeurig verslag van zijn bevindingen in artikelen en boeken, zoals *Twenty cases suggestive of reincarnation, Children who remember previous lives, Reincarnation and biology* en *European Cases of the Reincarnation Type*. Zijn werken *Xenoglossy* en *Unlearned Language* bieden een overzicht van de paranormale taalvaardigheid in een taal die men nooit in dit leven geleerd heeft.

Een *Case of the Reincarnation Type* (Stevensons standaardterm) of *CORT* begint meestal met de uitspraken over een vorig leven van een jong kind van gemiddeld 3 jaar. De uitspraken houden gemiddeld enkele jaren aan en kunnen gepaard gaan met emoties, verlangens en een sterke identificatie met wat het kind als herinneringen ervaart. In een *paranormaal geval* komen de uitspraken in hoge mate overeen met feiten over een historische overledene waarvan het kind niet op een normale manier kennis genomen kan hebben. Er kan ook sprake zijn van paranormale vaardigheden en lichamelijke kenmerken die verband houden met het vorige leven. Het kind houdt meestal op over zijn herinneringen wanneer het naar de lagere school gaat. In sommige gevallen zijn er ook herinneringen aan een spirituele tussenperiode die lijken op bijna-doodervaringen.

Ondertussen kon Stevenson door een nalatenschap van Carlson uiteindelijk zijn eigen faculteit Persoonlijkheidsleer opzetten. Naast reïncarnatie, worden hier ook andere deelgebieden van het *survival* onderzoek bestudeerd, zoals bijna-doodervaringen en geestverschijningen, en ook nog spontane gevallen van telepathie en psychokinese. Stevenson schreef ook hier papers en boeken over, soms samen met medewerkers van de faculteit, zoals Bruce Greyson en Emily Kelly.
Ian Stevenson is praktisch tot het eind actief gebleven, onder meer in de vorm van een gezamenlijk boek met Mary Rose Barrington en Zofia Weaver over de vroege paragnost Stephan Ossowiecki. Zijn werk rond reïncarnatie wordt aan de faculteit voortgezet door de kinderpsychiater Jim Tucker en daarnaast door andere onderzoekers zoals Erlendur Haraldsson, Satwant Pasricha, Antonia Mills, Kirti Swaroop Rawat en Jürgen Keil.

Vermeende naïviteit
Ian Stevenson is meer dan eens beschuldigd van intellectuele naïviteit. Allereerst zou zijn reïncarnatieonderzoek zozeer in strijd zijn met de basisinzichten van de moderne neuropsychologie, dat het geen belangwekkende wetenschappelijke resultaten zou kunnen opleveren. In werkelijkheid was Stevenson zich steeds bewust van het materialistische paradigma van de gevestigde neurologie dat de geest opvat als een product van het brein of zelfs gelijk stelt aan bepaalde functies ervan. Hij nam hier expliciet stelling tegen, niet vanuit onwetendheid, maar als verklaarde voorstander van een dualistisch paradigma op ontologische grondslag.
Voorts stelt men nogal eens dat de gevallen gemakkelijk verklaard kunnen worden door sociaal-psychologische factoren. Maar ook in dit opzicht heeft Stevenson zich steeds weer uitgeput in argumenten waarom dit al dan niet aannemelijk is in concrete gevallen.
Bovendien zou Stevenson niet goed op de hoogte zijn geweest van de mogelijkheden om paranormale *CORTs* te verklaren door middel van een vorm van ESP. Hij was zich echter volledig bewust van de pogingen om zijn bewijsmateriaal te verklaren door een zogeheten Super ESP- hypothese, en leverde er expliciet en uitvoerig kritiek op. Hij wees op de psychologische onaannemelijkheid dat een kind zich onbewust - via ESP - emotioneel zou willen identificeren met een tot dan toe volslagen onbekende overledene. Ook

benadrukte hij de gevallen van kinderen met paranormale vaardigheden of moedervlekken en geboorteafwijkingen die specifiek lijken samen te hangen met dodelijke verwondingen uit een vorig leven. Dit soort gevallen bevat namelijk meer dan alleen paranormale informatie en kan daarom ook niet afdoende door buitenzintuiglijke waarneming verklaard worden.

De filosoof Stephen Braude erkent in zijn recente boek *Immortal Remains* dat Stevensons onderzoek uitzonderlijk goed bewijsmateriaal voor een leven na de dood heeft opgeleverd, doordat Super ESP om motivatie-psychologische redenen bijzonder onaannemelijk is. Stevenson sprak overigens nergens van een 'hard', natuurwetenschappelijk bewijs voor reïncarnatie, maar stelde wel dat er inmiddels voldoende bewijsmateriaal is om er rationeel in te kunnen geloven. Hij zag de reïncarnatiehypothese daarbij niet alleen als de beste verklaring voor een harde kern van gevallen, maar wees ook op de *explanatory power* ervan binnen o.a. de persoonlijkheidsleer, psychiatrie en ontwikkelingspsychologie. Opvallend genoeg stelde Stevenson (in weerwil van populaire literatuur) dat hypnose nauwelijks interessant bewijsmateriaal heeft opgeleverd en dat er geen duidelijke aanwijzingen gevonden zijn voor het veronderstelde fenomeen karma.

Op een vergelijkbare manier als rond reïncarnatie heeft Stevenson zich gebogen over argumenten voor Super ESP-verklaringen van o.a. gevallen van poltergeist, verschijningen, drop-in communicators en bijna-doodervaringen. Door zijn afgewogen, deskundige beschouwingen zijn ook Stevensons publicaties over deze onderwerpen bijzonder waardevol.

Ian Stevenson en de parapsychologie
Stevenson onderscheidde zich binnen de parapsychologie behalve door zijn grote interesse voor reïncarnatie en leven na dood ook nog door zijn sterke nadruk op naturalistisch onderzoek in de lijn van de oorspronkelijke *psychical research*. Op den duur voelde hij zich minder thuis binnen de mainstream parapsychologie die zich juist meer richtte op het onderzoeken van ESP en psychokinese in laboratoria. Volgens Stevenson was de parapsychologie als aparte tak van wetenschap gedoemd te mislukken, zeker als men door zou gaan op de ingeslagen weg. Uiteindelijk werd zijn frustratie over de koers van veel parapsychologen zo groot, dat hij besloot zichzelf niet langer als parapsycholoog te profileren. Hij stelde zich voortaan op als een conventionele wetenschapper met ongewone interesses. Overigens had Stevenson hierbij niet de illusie dat hij nog binnen zijn eigen leven veel zou kunnen veranderen in de

gevestigde wetenschap.

Verlies voor de parapsychologie

Er is momenteel geen parapsychologisch onderzoeker met zoveel jaren ervaring op het gebied van naturalistisch onderzoek als voor Stevenson gold. Daarnaast was hij geliefd bij collega's met een academische achtergrond, maar ook bij een zeer gemêleerd lezerspubliek.

In andere opzichten is er echter weinig reden tot treuren. Ian Stevenson heeft als geen ander een empirische basis gelegd voor een springlevende dualistische traditie binnen de parapsychologie. Het zou mij niets verbazen als Stevenson hier ook door komende generaties intellectuelen om geëerd zal worden. Laten we hopen dat hij er - op welke manier ook - van mee mag genieten.

Hoofdstuk 3. Waarom reïncarnatie waarschijnlijk lijkt

Over het geheel genomen ziet de intellectuele westerling reïncarnatie als een Fremdkörper dat niet te integreren valt in de westerse beschaving, maar thuishoort in het dromerige, irreële Oosten of onder zweverige aanhangers van de New Age-beweging. Men denkt vaak dat er slechts drie soorten aanleidingen zijn om in reïncarnatie te geloven.
Allereerst primitieve vormen van analogie-denken, waarbij iemand uit de regeneratie van de natuur in de lente, na de 'dood' in de winter, de conclusie trekt dat zo'n herstel ook voor de mens geldt. Na de dood volgt met andere woorden steeds weer een 'lente' in de vorm van een reïncarnatie in een embryonaal lichaam.
Een andere bekende aanleiding voor het geloof in reïncarnatie kan gelegen zijn in (als paranormaal beschouwde) hypnotische regressies naar wat in werkelijkheid slechts fantasie-vorige levens zijn.
Verder baseren veel mensen hun geloof op religieuze openbaringen van Krishna, Boeddha, Blavatsky of Steiner. In menig boek over het onderwerp wordt veel aandacht aan deze drie bronnen van de reïncarnatiegedachte besteed.

Ondertussen is er reeds sinds de jaren zestig een gerenommeerd westers onderzoeker die op basis van zijn empirische bevindingen stelt dat geloof in reïncarnatie alleszins als rationeel beschouwd mag worden. Zijn naam is Ian Stevenson, en hij is psychiater en parapsycholoog, als hoogleraar verbonden aan de Universiteit van Virginia in Charlottesville. Stevenson is zeker één van de belangrijkste onderzoekers van zogeheten paranormale verschijnselen uit de westerse geschiedenis. Zijn degelijke methoden worden ook door buitenstaanders geroemd.
Het is dan ook tekenend dat de aantijging die P. Vroon enkele jaren terug abusievelijk tegen Stevenson lanceerde (eindnoot 1) , dat deze zou hebben toegegeven dat hij voortdurend bij de neus genomen was in zijn onderzoek, nooit meer door Vroon -of iemand anders- is herhaald. Als Ian Stevenson controversieel is, dan niet wat betreft de kwaliteit van zijn onderzoek. Er zijn weinig wetenschappers die zijn niveau wat dat betreft weten te evenaren.

Het onderzoek

Stevenson is reeds zo'n dertig jaar bezig met onderzoek op dit gebied (Stevenson, 1987). Hij is niet de eerste die verschijnselen die op reïncarnatie
wijzen kritisch heeft onderzocht, maar zeker wel één van de degelijkste. Een van de bekendste internationale onderzoekers is de IJslander Erlendur Haraldsson. In India zijn onder andere Jamuna Prasad, K.S. Rawat en S. Pasricha het vermelden waard. In Brazilië is onder meer het team van H. Guimaraes Andrade van belang. In Nederland, Spanje en andere Europese landen worden, onder meer door schrijver dezes, reeds sinds enige tijd pogingen gedaan om hun bevindingen te reproduceren. Het onderzoek vóór Ian Stevenson was voornamelijk incidenteel van aard. Er deed zich af en toe een interessant geval voor, dat dan door de direct betrokkenen werd onderzocht. Het vermelden waard zijn onder meer de onderzoekingen rond de Japanse jongen Katsugoro en de Indiase studies van K.K.N. Sahay.
Opvallend hierbij is dat niet zozeer de verschijnselen zelf, maar alleen de degelijkheid waarmee ze worden onderzocht, lijkt te veranderen in de loop der tijd. Er is sprake van een grondstructuur die het beste aan de hand van een concreet geval duidelijk gemaakt kan worden.

Het geval Kumkum Verma

Ik citeer rechtstreeks uit Stevensons verslag over dit Indiase geval:
"Kumkum Verma werd geboren op 14 maart 1955, als de tweede dochter en het derde kind van dr. B.K. Verma en zijn vrouw, Subhadra, die woonden in Bahera, een dorp in Noord-Bihar, niet ver van de stad Darbhanga.
Kumkum was tweeëneenhalf jaar oud toen zij samenhangend begon te praten. Op de leeftijd van drieëneenhalf, begon ze te praten over een vorig leven, dat ze volgens haar had geleid in Urdu Bazar, Darbhanga. Zij noemde beetje bij beetje talrijke details in verband met haar zoon, Misri Lal, en kleinzoon, Gouri Shankar, en tevens in verband met gebeurtenissen uit haar vorige leven. Zij vermeldde dat ze was gestorven "ten gevolge van een geschil" en zei dat een schoondochter haar had vergiftigd. Zij manifesteerde in deze tijd ook bepaalde psychologische trekken, bijvoorbeeld extreme vrijgevigheid, die op haar familie overkwam als typerend voor personen van die klasse... De uitspraken en het gedrag van Kumkum Verma kwamen nauw overeen met de feiten in het leven van Sundari die was gestorven in Darbhanga

in (bij benadering) 1950, ongeveer vijf jaar voor Kumkums geboorte. "

We zien aan de hand van het geval Kumkum Verma ten eerste dat het bij het wetenschappelijke reïncarnatieonderzoek primair (hoewel niet uitsluitend) gaat om spontane - 'natuurlijke' - gevallen en niet op de eerste plaats om hypnosegevallen of déjà- vu. Ten tweede zien we dat de hoofdpersonen in kwestie meestal geen volwassenen, maar jonge kinderen - peuters en kleuters - zijn. Ten derde zien we dat deze kinderen uit zichzelf beginnen te praten over een vorig leven en daarbij meer of minder exacte gegevens naar voren brengen. Ten vierde blijken deze gegevens dan overeen te komen met het leven van een specifieke, concrete overledene.

Verder is het van belang te melden dat de kinderen in kwestie veelal sterk emotioneel betrokken zijn bij hun uitingen. Over Kumkum schrijft Stevenson onder meer:

"Kumkum toonde een sterke wens om naar Urdu Bazar te gaan, in Darbhanga. Toen zij vernam dat iemand anders daar heen ging, vroeg ze of ze mee mocht, en ze huilde toen haar dat niet werd toegestaan. Toen haar gezin op een gegeven moment in Darbhanga verbleef, verwijderde zij zich een tijd lang van de rest van de groep voordat haar afwezigheid werd opgemerkt. Toen ze was opgespoord, bleek ze langs de weg richting Urdu Bazar te lopen. Toen ze niet wilde stoppen, moest ze worden opgepakt en naar de rest van de familie worden teruggebracht."

Ook vertonen kinderen soms fobieën die verband houden met traumatische ervaringen die de persoon die zij zeggen te zijn geweest inderdaad had meegemaakt. Bovendien vertonen sommige kinderen fysieke markeringen, zoals moedervlekken, die te maken hebben met dodelijke verwondingen die hen het leven zouden hebben gekost.

Fantasie of meer?
Een gezonde eerste reactie op de kennismaking met dit soort gevallen is dat het wel allemaal fantasie zal zijn. Kinderen zitten nou eenmaal boordevol verbeeldingskracht en dit zijn er weer eens grappige staaltjes van. Hoe legitiem zo'n reactie aanvankelijk ook is, het lijkt naïef wanneer men bij deze mening blijft na bestudering van het relevante onderzoek.

Er blijkt namelijk een kern van gevallen te zijn waarbij men voor er enige verificatie plaatsvond, de uitspraken van het kind opschreef. Dit sluit fantasie uit in die gevallen, waarbij de uitspraken dan nog steeds overeenkomen met het leven van een persoon die van tevoren volstrekt onbekend was bij de ouders en sociale omgeving van het kind. Een voorbeeld van zo'n casus is het hierboven vermelde geval van Kumkum Verma.

Opmerkelijk genoeg blijkt het aantal van dit soort gevallen toe te nemen, zodat het steeds minder plausibel wordt om de uitspraken als fantasie af te doen. In november 1991 wijdde de IJslandse collega van Stevenson, Erlendur Haraldsson, zijn lezing voor een internationaal wetenschappelijk congres aan vier nieuwe gevallen van dit type, afkomstig uit Sri Lanka.

Men twijfelt er dan ook niet of nauwelijks meer aan dat fantasie niet in aanmerking komt als hypothese die alle uitspraken zou kunnen verklaren. Daarmee wordt erkend dat het bij reïncarnatieonderzoek draait om anomalieën, met andere woorden verschijnselen die niet goed passen in het gangbare (westerse) wereldbeeld.

ESP of meer?

In Nederland heeft de parapsycholoog Peter van der Sijden begin jaren '90 aandacht besteed aan het reïncarnatieonderzoek. Ook hij twijfelt daarbij niet aan het 'paranormale' karakter van in ieder geval een deel van de uitspraken van de kinderen. Hij verdedigt echter de stelling dat deze uitspraken veel gemakkelijker verklaard kunnen worden door ESP, oftewel retrocognitie, dat wil zeggen helderziendheid ten aanzien van het verleden. Net zoals kinderen soms indrukken kunnen krijgen van de toekomst, kunnen zij soms iets opvangen van het leven van een overledene.

Men moet binnen de parapsychologie de ESP-hypothese natuurlijk altijd een kans geven. Maar de vraag is of ESP werkelijk alles kan verklaren wat er bij reïncarnatieonderzoek te zien valt.

Waarom zou een kind zich bijvoorbeeld zo sterk gaan identificeren met een volwassene die hij of zij nooit heeft gekend? Het kind heeft immers genoeg nabije, levende identificatieobjecten, mag men in de meeste gevallen veronderstellen. Het gaat mijns inziens veel te ver om een jong kind zo maar complexe motieven toe te schrijven voor zo'n identificatie (eindnoot 2). Er moet daarom meer aan de hand zijn .

Waarom reïncarnatie waarschijnlijk bestaat

Nu kan men natuurlijk de wildste hypothesen gaan opstellen over wat er nou nog meer zal spelen bij de kinderen waar het hier om gaat. Ze zouden bijvoorbeeld allemaal bezeten kunnen zijn door demonen die de 'gevaarlijke dwaling' willen verspreiden dat er reïncarnatie bestaat. Maar er is nog steeds geen goed empirisch bewijsmateriaal dat er zulke demonen bestaan.

Dat ze bezeten zijn door een overledene, in van plaats van die overledene zelf te zijn, is ook al niet plausibel. In de meeste gevallen is er namelijk geen sprake van twee persoonlijkheden, waarbij de ene steeds met geweld wordt weggedrukt door de andere, maar van één continue persoon die zich bv. zowel herinnert waarmee zij gisteren heeft gespeeld, als met wie zij 20 jaar geleden getrouwd was.

Het gaat in de wetenschap onder meer om het zo economisch mogelijk omgaan met hypothesen. Om die reden leek ESP aanvankelijk ook de beste verklaring. Maar de ESP-hypothese blijkt te kort te schieten. Het wordt dan zaak om een zo eenvoudig mogelijke verklaring te zoeken die wel kan voldoen. Die verklaring is reïncarnatie: de kinderen die beweren een vorig leven te hebben gehad, hebben dat leven zeker in een deel van de gevallen echt zelf geleid. Hetgeen tot de conclusie moet voeren dat zij gestorven zijn en gereïncarneerd in een nieuw lichaam.

Een wetenschappelijke revolutie

We leven wetenschappelijk gezien in een zeer opwindende tijd. Voortdurend doen theoretische fysici, kosmologen, genetici, en artsen verslag van doorbraken in hun inzichten in de aard van de fysieke wereld.

Maar wat weinigen vermoeden is, dat één van de grootste wetenschappelijke revoluties uit de geschiedenis van de mensheid onze eigen geest zal betreffen. De parapsychologie wint gelukkig al meer terrein met zaken als het Ganzfeldonderzoek van Charles Honorton en anderen. Van zelfs nog ingrijpender belang zal naar alle waarschijnlijkheid het parapsychologische reïncarnatieonderzoek blijken te zijn. Wil het onderzoek invloed hebben, dan zal echter eerst het materialistische klimaat in de westerse filosofie moeten worden vervangen door een dualisme dat wijst op het bestaan van een onstoffelijke, persoonlijke geest. Er zijn meer dan voldoende (analytische en empirische) argumenten om het materialisme definitief de das om te doen, en het is een kwestie van tijd voor zij hun werk hebben gedaan. Vervolgens zullen onderzoekers uit alle windstreken zowel kwantitatief als kwalitatief zo goed mogelijk materiaal moeten zien te verzamelen, analyseren en publiceren.

Binnen een totaal nieuw paradigma van de persoon als geest, zal dan het eigenlijke reïncarnatieonderzoek kunnen plaatsvinden: de speurtocht naar de wetmatigheden rond reïncarnatie en rond het zich herinneren van een vorig leven. Enkele namen zullen dan onvergetelijk worden, waaronder Jamuna Prasad, K.S. Rawat, S. Pasricha, H.G. Andrade, Erlendur Haraldsson en bovenal Ian Stevenson.

Eindnoten

1. Zie Vroons 'Obscurantisme' in De Volkskrant (eind jaren '80). In deze column geeft Piet Vroon een verkeerd beeld van een Amerikaans artikel, waarin Stevenson voorbeelden beschrijft van tot dan toe ongepubliceerde, allesbehalve representatieve gevallen van fraude en zelfbedrog.

2. Voor nadere details, zie: Rivas & Rivas (1987), Rivas (2000b), Rawat & Rivas (2003).

Hoofdstuk 4. Nederlandse reïncarnatiegevallen rond het millennium

Na de publicatie van mijn boek *Parapsychologisch onderzoek naar reïncarnatie en leven* na de dood in 2000 heeft stichting Athanasia een aantal nieuwe gevallen van vermoedelijke herinneringen aan vorige levens ontdekt. De zeven voornaamste (grotendeels) afgeronde gevallen die we in de jaren rond de millenniumwisseling hebben onderzocht, worden hieronder behandeld.

Zoals ik in mijn zojuist genoemde boek heb gesteld, is het van het grootste belang dat er ook in het westen zoveel mogelijk reïncarnatiegevallen onder jonge kinderen worden opgespoord en bestudeerd. Vanzelfsprekend ben ik niet de enige of de eerste die dit verkondigd heeft. Ook is mijn team niet het enige dat dit punt prominent op zijn agenda heeft gezet. Het is namelijk een belangrijk wetenschapstheoretisch principe dat men onderzoekt hoe universeel een bepaald verschijnsel optreedt en in welke variaties het voorkomt. Daarom vormt dit ook een constant onderdeel van het onderzoeksprogramma van dr. Ian Stevenson en zijn internationale netwerk. Het is niet voor niets dat hij al verschillende malen op dit thema is ingegaan en binnenkort een boek hoopt te publiceren over Europese gevallen.

Mary Rose Barrington heeft zeer onlangs een interessant artikel doen verschijnen over het geval Jenny Cockell dat laat zien hoe actueel Engels reïncarnatieonderzoek is. In Duitsland is Dieter Hassler actief.

Skeptici schijnen het belang van (ook onverifieerbare) spontane westerse gevallen met dezelfde grondstructuur als de paranormale gevallen van Ian Stevenson en anderen niet te begrijpen of niet te willen begrijpen. Het gaat met andere woorden om een gebrek aan wetenschapstheoretische of methodologische scholing bij deze lieden of anders om een dogmatische, in feite (verkapt) fundamenteel antiwetenschappelijke houding zodra het over 'afwijkende' zaken gaat of natuurlijk allebei.
Skeptici concentreren zich per definitie op zwakkere gevallen, op eventuele (over het algemeen weinig tot zelfs helemaal niet relevante) slordigheden in de rapportage of op minder sterke aspecten van zeer bewijskrachtige gevallen. Ze hopen zo waarschijnlijk ook de overeenkomsten tussen westerse gevallen en de paranormale gevallen buiten het Westen effectief te verdonkeremanen. Echte insiders en open geesten zullen hierdoor niet

van hun stuk worden gebracht, maar het is al erg genoeg als er foutieve informatie over het reïncarnatieonderzoek wordt verspreid.

Een voorbeeld van de skeptische houding is te vinden bij een recensie van de hand van skepticus Rob Nanninga van mijn boek *Parapsychologisch onderzoek naar reïncarnatie en leven na de dood*. Na te hebben ingestemd met psychologische interpretaties van enkele fantasiegevallen die ik heb onderzocht, probeert hij vervolgens op een vijandige manier af te rekenen met gevallen die ik opvat als aanwijzingen voor authentieke herinneringen aan vorige levens. Hij ging in zijn recensie zover dat hij me *krankzinnig* noemde en nam dit zelfs niet terug nadat ik in een online repliek de voornaamste kritiekpunten effectief weerlegd had en, wat nog belangrijker is, had aangetoond hoe misleidend zijn weergave van mijn redeneringen i.h.a. was. Ik ben voor Nanninga kennelijk nog steeds net zo krankzinnig (of misschien zelfs nóg krankzinniger) als voordat ik mijn respons op zijn boekbespreking had geschreven. Tenzij ik op zoek zou zijn naar een dergelijke 'therapeut' vormt dit alles m.i. geen bijster vruchtbare basis voor een respectvolle dialoog. Nanninga richt zich vanzelfsprekend op de meest discutabele aspecten van mijn reconstructies (overigens zonder de achtergronden daarvan juist te vermelden) en hij spreekt de hoop uit dat mijn boek niet als serieuzebijdrage tot de parapsychologie zal worden ontvangen . Inmiddels heb ik dan ook het laatste restje illusie achter me gelaten dat er ooit werkelijk een rationele discussie kan worden gevoerd met mensen met een dergelijke instelling, al hun pogingen zichzelf als de poortwachters van de wetenschap voor te stellen ten spijt.

Gevallen onderzocht door Athanasia

In deze periode hebben we niet alleen Nederlandse gevallen onderzocht maar via Internet ook enkele Amerikaanse gevallen, waaronder dat van een meisje Bielka genaamd dat zich een vorig leven meende te herinneren als Duitse jodin (haar achternaam Frauman[n] heb ik terug kunnen vinden in online lijsten van Pools-joodse slachtoffers van de Holocaust). Verder zijn er nog enkele vage uitspraken geweest, waaronder van een kleinkind dat wist dat zijn oma vroeger een blauwe auto had gehad, terwijl dat alleen gold voor een periode voor de geboorte van het kind.

Hieronder presenteer ik echter alleen recente Nederlandse gevallen die sterk overeen lijken te komen met het patroon van de *Cases of the Reincarnation Type* van Ian Stevenson.

Geval uit Hengelo

Begin 2002 sprak ik ene Marjan tijdens een beurs in Enschede. Ze vertelde me dat haar zoon toen hij jonger was herinneringen had aan een vorig leven. Ik verzocht haar me de essentie van een en ander schriftelijk toe te sturen, wat ze op 15 maart 2002 deed. De voornaamste passage uit haar brief luidt:

"Uit uw briefje begreep ik dat u graag wilde weten over de ervaringen die ik over mijn jongste zoontje heb. Toen mijn zoontje rond de 3 jaar oud was, sprak hij wel eens over zijn andere moeder en zijn zus Sjoerdje. Je kunt denken veel fantasie, maar de naam Sjoerdje komt heden ten dage niet meer voor.
Bovendien sprak hij over een ster die ze op moesten hebben. We zijn niet joods en een jodenster is bij ons geen gespreksonderwerp in huis.
Opvallend was dat hij ook veel kennis van de Engelse taal had.
Hij volgde films in die taal en kon tot in perfectie navertellen waar het over ging. Tot ruim 6 jaar is hij waanzinnig 'geplaagd' in zijn slaap. Elke nacht werd hij gillend van angst wakker, soms herkende hij mij niet eens meer. (...) hij heeft 't allemaal weggestopt en ik respecteer dat, we moeten ons toch in de eerste plaats staande houden in deze maatschappij, niet waar?".

Zij voegde hier op 22 april 2002 (nadat ik haar om nog meer details verzocht had) aan toe:

"Hij zei: 'Toen ik nog bij mijn andere moeder woonde...?' Ik werd getroffen door dat andere moeder, daarom heb ik dat onthouden niet wat het was. Ik antwoordde: 'Je andere moeder?' 'Sjoerdje, woonde daar ook.' 'Wie was Sjoerdje dan?' 'Een zusje.' Met een blik [van] wat een domme vragen, dat weet je toch wel?
Vervolgens vertelde hij iets over een speld die iedereen opmoest, ik begreep in de vorm van een ster. Hij noemde geen andere mensen. Verdere details waren er volgens mij niet.
Hij sprak daar rond zijn derde over, misschien wel eerder ook,

maar mijn kinderen waren niet zo sterk met taal, dus heb ik nooit eerder zoiets begrepen.

Hij sprak er alleen met mij over, het was gewoon een keertje tussen neus en lippen door, volgens mij werd hij op de een of andere manier getrikkert [sic].

Hij vertoonde geen enkele bijzondere emotie of verlangen, hij had net zo goed kunnen zeggen dat hij op de peuterspeelzaal in de zandbak had gespeeld, zo'n toon ongeveer. Over zijn nachtmerries zei hij altijd dat het monsters waren, grote gekleurde monsters.

Hij werd altijd gillend wakker en het duurde dan zeker een kwartier voor hij weer in het heden zat. Hij herkende niemand. Hij reageerde het best op mij, maar het kostte heel wat rustig praten voor hij weer rustig werd. We moesten in ieder geval uit zijn kamer. We liepen het meest met hem op de arm rond en maar praten op een rustige toon. Hij riep dan, ik wil naar mamma, terwijl ik hem al op de arm had. Hij was dan zo verdrietig, heel zielig."

Navraag leert dat de naam Sjoerdje wel degelijk voorkomt en wel in Friesland. Het is een vrouwennaam, afgeleid van Sjoerd. Drs. Pieter van Wezel heeft getracht uit te vissen of de naam wellicht voorkwam onder geregistreerde Friese joden die slachtoffer werden van de Shoah. Hij heeft hiertoe het boek *In Memoriam* doorgespit, dat alle geregistreerde namen van Nederlands-Joodse slachtoffers vermeldt. Van Wezel stelde vast dat de voornaam Sjoerdje er niet in voorkomt, maar wel andere Fries aandoende voornamen eindigend op -je. Ook vond hij twee namen die in elk geval qua schrijfwijze lijken op Sjoerdje:

- Menko, Sjudie. Geboren 31-7-1875 te Stad-Delden. Overleden 2-4-1943 te Sobibor (blz. 497).
- Polak-de Jong, Sjudie. Geboren 20-11-1878 te Wateringen. Overleden 20-3-1943 te Sobibor (blz. 582).

Beide 'Sjudies' hadden mogelijk broers of zussen, gezien de vermelding van achternaamgenoten die enkele jaren voor of na hen in dezelfde plaats geboren werden. Deze zijn omgekomen in Sobibor of Auschwitz.

Door de klassieke leeftijd (3 jaar) waarop de jongen over zijn herinneringen begon, de ster, de vroege nachtmerries en de vergetelheid of verdringing op latere leeftijd, kunnen we er zeker van zijn dat dit geval past in de transculturele categorie van vermoedelijke herinneringen aan vorige levens bij jonge kinderen. Opmerkelijk daarbij is dat de jongen niet de enige is die waarschijnlijk authentieke herinneringen heeft aan een leven tijdens de Holocaust. Mijn eigen geval van het meisje S. uit Amsterdam, beschreven in mijn boek uit 2000 en de bekende gevallen van Rabbijn Yonassan Gershom horen in feite in dezelfde hoek thuis.

Geval van déjà vu uit Houten

B. Koot uit Houten stuurde me begin 2002 de volgende ervaring met déjà vu:

"In 1968 (ik was toen 17 of 18) was ik voor het eerst van mijn leven met familie op vakantie in het Sauerland (in de buurt van Willingen). Toen wij met de auto in de buurt van de Diemelsee kwamen begon de omgeving mij vertrouwd voor te komen. Vanaf een bepaald punt langs de Diemelsee was de weg mij volledig bekend. Zo wist ik van tevoren dat er op een gegeven moment een rechter zijweg zou komen, die over de stuwdam zou leiden en dat daar een richtingaanwijzer naar een plaats Adorf zou staan. Alle bijzonderheden die ik tevoren over een stuk weg van tenminste 2 a 3 km wist bleken te kloppen. Hierbij moet ik nog aantekenen dat ik zelfs nog nooit een kaart van de omgeving had gezien."

Dit geval is vergelijkbaar met dat van Fien K. en van de Ponte Vecchio te Florence, die ik beide heb vermeld in *Parapsychologisch onderzoek naar reïncarnatie en leven na de dood*. Er vanuit gaande dat het authentiek is, is het inderdaad op te vatten als een herkenning van een weg, die de persoon in kwestie had gekend in een vorig leven

Geval binnen dezelfde familie uit een dorp bij Arnhem

Met Vera Molenaar (pseudoniem) had ik op 17 maart 2002 een gesprek tijdens een beurs bij Arnhem. Naar aanleiding daarvan kreeg ik de volgende brief van haar:

"Mijn kind sprak alleen in verband met mijn ouderlijk huis, waar hij gewoon had 'toen', meer zei hij er niet over. Maar er woonde toen geen familie meer in dat huis, hij is er dus nooit geweest.

Ik woonde daar als kind, samen met mijn ouders en twee broers en een zus.

Mijn jongste broer is verongelukt toen hij 21 jaar was, dit is al 25 jaar geleden.

Wij hebben onze zoon, nu tien jaar, zijn naam gegeven omdat wij altijd hadden gezegd: Als wij ooit een zoon krijgen noemen we hem Rudi [naar de overleden broer].

Vanaf dat hij kon praten tot een jaar of drie sprak hij over het huis. Altijd als we er voorbij reden. Daar was meestal niemand bij. Hij zei alleen maar dat hij daar 'toen' woonde, verder niks. Ik heb er ook nooit moeilijk over gedaan en gezegd, ja natuurlijk weet ik dat.

Ze [de herinneringen] hebben, geloof ik, geen invloed op het huidige leven van mijn zoon.

In mijn geval heb ik altijd gezegd, het zou best kunnen. Waarom niet; er kunnen best bepaalde dingen gebeuren die wij niet weten en [waar we] misschien nooit zullen achterkomen."

Door de klassieke leeftijd is het werkelijk mogelijk dat de overleden broer teruggekeerd is in dezelfde familie, een thema dat onder meer wordt uitgediept door Carol Bowman in haar boek Kinderen uit de hemel.

Geval van bijtwond van tijger

Begin 2002 werd ik via e-mail benaderd door Dhr E.J. Vermeulen uit Alkmaar, 68 jaar oud. Hij schreef me dat hij vanaf zijn tweede beelden had gehad van een vorig leven. Navraag van mijn kant leverde de volgende informatie op:

"Ik heb mijn verhaal tot een paar jaar geleden nooit aan iemand kunnen vertellen tot er hier een predikant op visite kwam en het gesprek kwam op het hiernamaals. Ik heb toen, in het bijzijn van mijn vrouw, voor het allereerst mijn herinnering verteld en zijn antwoord was; er zijn meer mensen die mij dit in vertrouwen verteld hebben.

Ik was als tweejarig jongetje ernstig ziek en het kon hersenvliesontsteking gaan worden. Ik zag gezichten met vier, vijf rijen ogen onder elkaar en [daarom] werd het gordijn dicht gedaan zodat mensen niet meer naar binnen konden kijken, want daar zou het door komen volgens de arts. Opeens zag ik mij als een kind van zo'n 4 a 5 jaar in het zand spelen. Links van mij was de bosrand en rechts onze ronde hutten. Ik zat voor onze open hut, er was niemand in, toen ik plotseling van achteren door een tijger in mijn nek gegrepen werd en [hij] mij optilde. Ik kon nog gillen, maar vanaf dat moment is er geen herinnering meer.

Iemand van het paranormale prikbord vroeg aan mij of ik ook een geboorte litteken in mijn nek had en dat verbaasde mij, want ik heb inderdaad een behoorlijke vlek op mijn achterhoofd zitten.

Dit is echt alles wat ik u vertellen kan zoals ik het in mijn geheugen heb staan."

Later stuurde Dhr. Vermeulen me een met een webcam gemaakte foto, waarop de donkere vlek inderdaad te zien was.

Als we er vanuit gaan dat ook dit geval authentiek is, past het goed in de categorie van de gevallen van moedervlekken die samenhangen met de doodsoorzaak van het vorige leven, zoals beschreven in de recente boeken van Ian Stevenson over dit onderwerp.

Het geval Jojanneke M.

Eind 2002 werden we op een beurs te Nijmegen benaderd door mevrouw M. Ze vertelde ons onder meer dat haar dochter Jojanneke opmerkelijke uitspraken had gedaan. In haar eigen woorden:

"Ik had een oom die bij mijn ouders inwoonde hij was vrijgezel en [die] was 55 jaar toen hij leukemie kreeg, stierf, en werd begraven. En als ik dan met de kinderen het kerkhof bezocht ging Jojanneke altijd bij de kindergraven kijken. Ze kon toen helemaal nog niet lezen of schrijven, ze zat zelfs nog niet op school. Ik denk dat ze 3 jaar was. Als ik dan aan haar vroeg wat ze daar ging doen kreeg ik altijd als antwoord: ík ben vroeger ook een moeder geweest en mijn kindje ligt hier ergens begraven. Dit zei ze niet één keer maar meerdere keren als wij daar waren, ik heb er nooit veel aandacht aan gegeven. Is zij nog een keer op die uitspraken teruggekomen? Ja, regelmatig, als we weer het graf van mijn oom bezochten."

De uitspraken van Jojanneke komen overeen met die van talloze andere peuters en kleuters die zich herinneren dat ze in hun vorige leven kinderen hebben gehad. Een aangrijpend voorbeeld van een westers geval waarin dat ook aan de orde is, betreft de Engelse Jenny Cockell die zich als kind een leven als Ierse moeder herinnerde en er uiteindelijk in slaagde haar nog levende kinderen te traceren.

Het merkwaardige, ietwat macabere aspect aan dit Nederlandse geval is dat Jojanneke zich niet alleen herinnert dat ze kinderen heeft gehad, maar dat ze ook nog weet dat die kinderen kennelijk al overleden waren voor haar eigen dood.

Los van deze uitspraken heeft Jojanneke niet meer gesproken over een vorig leven, mogelijk doordat haar omgeving haar daar niet toe aanmoedigde.

De ervaringen van Bo Monsanto

Bo Monsanto past volgens zijn moeder Toinette Loeffen in het profiel van een zogeheten 'nieuwetijdskind', zoals ze ons eind 2002 te Nijmegen vertelde. Naar gangbare maatstaven zou hij ten gevolge van een hersenbloeding vlak voor of tijdens de geboorte 'achter in zijn ontwikkeling' of gehandicapt heten. Maar desondanks vertoont Bo wonderlijke inzichten en een gevoeligheid die normaliter niet direct geassocieerd worden met handicaps.

Rond zijn vierde jaar, toen zijn overgrootmoeder Esseline ernstig ziek was, zei Bo in een nacht dat hij zich benauwd voelde plotseling tegen zijn moeder: "Toen ik klein was, mamma, toen ben ik ook een keer dood gegaan. Toen ging ik ook naar de hemel en toen ben ik bij pappa en jou gekomen." Na het overlijden van zijn (overgroot)oma, toen Bo ongeveer vijf jaar oud was, voegde hij daar onder meer aan toe: "Je gaat dood en wordt weer levend en gaat weer dood. En als je dood gaat, dan zie je het [dat je dood gaat]."

Bo's moeder vertelt dat ze het aanvankelijk moeilijk had met dergelijke uitspraken omdat ze zelf echt aards georiënteerd was.

Naar aanleiding van haar ervaringen met haar zoon schreef ze een artikel in twee delen voor het blad Kind en Nieuwe Tijd, de nieuwsbrief van de Stichting Nieuwetijdskinderen, getiteld Ons nieuwetijdskind Bo.

Het geval van C. uit M.

In de lente van 2001 vertelde een vriendin van mij, Mevr. Anja Janssen uit Nijmegen, dat een met haar bevriend echtpaar uit Molenhoek een dochter zou hebben met herinneringen aan een vorig leven.

Op 15 mei dat jaar bezocht ik het gezin in kwestie bij hen thuis. Ik ontmoette daarbij alle gezinsleden: moeder Christine Th., vader Sirat B., en hun vier dochters (Elisa, Souria, C. en Fanja). Het meisje met mogelijke herinneringen aan een vorig leven, waar Anja het over had, bleek C. te heten en de op één na jongste te zijn.

Voor ik op de herinneringen van C. inga wil ik eerst wat informatie bieden over de achtergronden van haar ouders.

Haar moeder Christine Th. was op dat moment 40 jaar oud.

Ze heeft het VWO gedaan en vervolgens een paar jaar kunstacademie, die ze echter niet heeft afgemaakt. Christine heeft een RK-achtergrond en komt uit een intellectueel milieu: haar moeder was chemicus en haar vader arts. Ze beschouwt zichzelf als zeer religieus, maar niet meer als RK. Het gaat eerder om een ondogmatisch soort spiritualiteit, waarbij de ervaring van totaliteit centraal staat.

Christine heeft eigenlijk altijd wel in reïncarnatie geloofd, hoewel ze niets zeker weet. Voor haar is het wel altijd aannemelijk geweest. Ze gelooft in ieder geval niet dat het leven eindig is. In 1984 was Christine inmiddels al bevallen van haar oudste dochter Elisa, d.w.z. van een andere partner. In 1990 werd Souria geboren. Op 30 juni 1994, om 2:00 's nachts werd C. geboren te Brakkenstein, Nijmegen, enkele jaren later gevolgd door de jongste dochter Fanja.

Sirat B. (die zich alleen bij deze spirituele naam laat noemen) heeft een Franse moeder en heeft de eerste vier, vijf jaar van zijn leven alleen maar Frans gesproken. Hij is (in 2002) 47 jaar oud en is sociotherapeut. Op dat moment werkte hij met delinquenten die een psychiatrische problematiek hebben. Hij kan zich heel goed in anderen inleven. Hij ging naar India omdat hij geboeid raakte door essentiële vragen naar aanleiding van zijn ervaringen als hulpverlener in de psychiatrie. Los daarvan was hij altijd al in religies en geloven geïnteresseerd geweest. Hij is net als Christine trouwens katholiek opgevoed. Hij voelde een band met Maria en vond de rituelen en liederen van het katholicisme altijd prachtig. Jezus bleef ook na zijn jeugd een goeroe voor Sirat.

Wat reïncarnatie betreft heeft Sirat zelf ook ervaringen opgedaan door middel van meditatie. Daardoor kon hij zich goed inleven in de verhalen van C. en was het net zo reëel als ervaringen in dit leven. In wezen is er alleen 'nu' voor hem.

Verder heeft Sirat naast met India ook iets met de Kelten. Hij houdt van de Keltische sfeer en de Keltische muziek en trommelt zelf ook. Ook het Keltische 'knotting', een soort knooptekeningen spreekt hem aan. Bovendien

34

heeft hij een band met Indianen en sjamanen. Zijn moeder is afkomstig uit de Champagne, uit een streek waar vroeger druïden verbleven.

Ervaringen tijdens de zwangerschap

Rond de achtste maand van de zwangerschap verkeerde Christine een keer in een 'droomsfeer' toen ze een vreemde verschijning zag van een vrouw, een gedrongen 'Pictisch' type van een jaar of 40. Ze was in bont gekleed, hield een hertengewei in haar hand en liep op blote voeten. Het leek alsof ze telepathisch tegen Christine zei (ze hoorde een stem in haar hoofd): "Je krijgt een dochter en je moet haar hert noemen". Het kind zou in haar vorig leven een zware tijd hebben gehad en veel behoefte hebben aan rust. Ze moest echt 'bijkomen' en had er heel veel behoefte aan om in haar diepere wezen aangevoeld te worden.

Christine bracht de verschijning in verband met de Kelten. Toen zij en Sirat nadachten over een naam voor het ongeboren kind, sloeg Sirat dan ook een Keltisch boek open en kwam zo uit bij de naam C.

C. of Cerunnos/Cernunnos/Kernunnos is een godheid die iets te maken heeft met de tussenwereld. Vreemd genoeg werd hij geassocieerd met een hertengewei omdat hij ook een soort Keltische natuurgod was. Christine had tijdens de zwangerschap het gevoel dat C. een zacht en heel fijngevoelig, verstild kind was. Ook had ze het gevoel dat ze contact met het kosmische had. Een beeld dat Sirat erbij had, was dat van een 'dennenboom met sneeuw' in een hooggebergte. Heel sereen, maar toch krachtig en met heel veel energie. Na de bevalling werd Christine ziek; ze had last van galstenen en voelde zich lichamelijk erg moe. Ook C. zelf is als jong kind constant ziek geweest. Het ging met name om griep en koorts.

Persoonlijkheid van C.

Gedurende de eerste twee jaar van dit leven was C. een stil kind. Ze was erg snel in haar motorische ontwikkeling en kon heel snel kruipen, lopen en klimmen. Ze zei echter heel weinig totdat ze 2 jaar oud was. Toen sprak ze opeens in correcte zinnen, zonder taalfouten. Overigens baarde dit alles haar ouders geen zorgen.

Aanvankelijk had ze wel sociaal-emotionele problemen, dat wil zeggen dat ze moeilijk contact maakte met anderen. Ze kwam een beetje ruig, klunzig en onzeker over en trok zich gauw terug in zichzelf. Ze was wel degelijk enthousiast, maar dat kwam niet goed over. Tot haar zesde jaar had ze daarom in feite geen vriendinnen. Daarna echter wel. Ze is echter nog steeds heel introvert en een beetje 'doof'.

Opvallend was verder dat ze iets mannelijks had. Zeker op lichamelijk gebied ging het om een 'jongensachtig' meisje. Ze is ook heel rekenkundig en vergelijkend ingesteld. Ze leed eronder dat ze op school van haar zeiden dat ze een jongen was. Dit was overigens ook te merken toen ik haar daar zelf over ondervroeg. C. klapte daarbij dicht.

Ze leed in het algemeen onder het feit dat ze weinig sociale contacten had, maar ook specifiek doordat ze voor een jongen werd aangezien. C. heeft een groot gevoel voor rechtvaardigheid en voelt heel goed dingen aan. Ze reageert goed op massage en kan zelf ook goed masseren, ze weet welke plekken ze moet aanpakken. Ze heeft echter geen paranormale gaven en heeft nooit visioenen gehad of iets dergelijks.

De herinneringen aan een vorig leven

Toen C. een jaar of 2 a 3 was begon ze spontaan over een vorig leven, d.w.z. bijna direct toen ze begon te praten. Ze deed allerlei met elkaar samenhangende uitspraken waaruit haar ouders een beeld reconstrueerden. Veel van haar uitspraken hadden betrekking op een leven op zee. Zo had ze het tijdens een bezoek aan het golfslagbad van een zwembad over golven die nog veel hoger waren dan de golven in dat bad: "De golven die ik heb meegemaakt waren zo hoog als een huis die over de mast sloegen." Een andere keer zei men tegen haar dat ze niet in een boom mocht klimmen. Ze reageerde daarop met de woorden: "Je moest eens weten hoe hoog ik vroeger klom", daarmee doelend op de mast van een schip. Ook zei ze op een goede dag bijvoorbeeld tegen haar moeder: "Mamma, het was zo raar op het schip. Dan was het de hele nacht storm en de volgende morgen was het helemaal stil." Ze tekende ook vaak een zeilschip. Ze duidde het schip waarop ze zelf gevaren zou hebben aan als de 'Vurk'. De Vurk had een boegbeeld of beest voorop. Vanaf het begin draaide het allemaal om die Vurk. Volgens Sirat was het een grote driemaster of iets dergelijks. C. zou zelf aan het stuur gestaan hebben en veel in de masten geklommen hebben. Andere taken waren wachtlopen, het zeil en de wimpels in de gaten houden, en contacten onderhouden met de passagiers. Ze was geen kapitein, maar wel belangrijk. Ze hoefde ook niet te koken. Naar aanleiding van het sinterklaasliedje Zie ginds komt de stoomboot merkte ze bij de regel "Hoe waaien de wimpels al heen en al weer" op dat de wimpel op haar schip naar de voorsteven gericht was.

Het ging duidelijk niet om een vissersboot. De Vurk was een passagiersschip. Ze heeft ook een indeling van de boot gemaakt, en aangegeven waar de volwassenen en waar de kinderen lagen en waar ze hun plas deden, gewoon ergens op de grond. De mensen aan boord hadden geen hangmatten.

Aan boord aten ze grote brokken vlees en vis. Er hingen hele koeien aan boord waar men het vlees vanaf sneed. Men at ook rauw vlees. Ze tekende ook nog een kombuis. Er was volgens Sirat een stuur of een motoraandrijving. In ieder geval had ze het over een groot rad. Dit was een van de eerste dingen die C. over haar vorige leven vertelde. Het was geen klein stuurtje maar echt een groot stuur. Er was ook nog een schoepenrad. Ze hadden veel last van buikpijn aan boord. Het woord dat ze daarbij noemde was 'gabalatik'. Zichzelf duidde C. aan als 'Peer'. Ze beweerde dat ze een magere man was geweest met een zwarte baard. Aan boord werd men wel eens met messen lastiggevallen. C. beschreef deze gevechten. Zelf kon ze niet tegen grofheid en boosheid. Ook noemde ze het woord 'moekille', een wandelstok met een punt eraan, waar je mee kon wandelen, maar ook mee kon doden. Dit woord werd zowel door haar ouders als door haar zusje Souria tegenover mij genoemd.

Er was een keer een vriend uit de mast naar beneden gevallen waarbij hij zijn rug brak en overleed.

Ze voeren naar warme landen. Ze maakte in 'India' matten van riet om op te slapen. Ze pakte een keer riet vast en zei toen "Daar maakten we vroeger matjes van." Toen haar ouders vroegen of ze niet terug wou naar India, zei ze dat niet het geval was, omdat het er te vies, vuil en vervuild was. C. zou aan land wel omgang met vrouwen hebben gehad, maar geen vaste relatie. Ze hield ervan om over de oceaan te turen en was erg introvert ingesteld.

In India ontmoette ze een vrouw met wie ze bevriend raakte. Er waren veel manden met fruit, veel dans en muziek. De vrouw in kwestie heette Amma en het zou mogelijk gaan om een vorig leven van haar huidige moeder Christine (volgens een interpretatie van haar ouders).

Ze ging naar la Garoenja of Karoenja om arme gezinnen of families op te halen en naar een haven met palmbomen, op een eiland, te vervoeren. Er waren bergen op de achtergrond en slechts een rijtje kleine winkeltjes. Sirat dacht daarbij dat het om India ging, maar Christine dacht het om iets anders ging. Er werden goederen uitgeladen die naar pakhuizen werden vervoerd.

Het betrof heel arme mensen die een nieuwe kans moesten krijgen, een nieuw begin. De mensen hadden een lichte huidskleur, het waren geen slaven uit Afrika. C. trad ook op als een soort hulpverlener voor deze mensen. Tijdens de reis naar het eiland hadden de kinderen van de arme mensen een aparte plek waar ze heel leuk konden spelen.

De volwassenen en kinderen hadden alleen een kussen en een eenvoudige deken aan boord.

Haar schip legde trouwens ook wel eens stiekem of illegaal aan. Aan land sliep ze in vervuilde hutjes. C. vond het daar wel heel relaxed en gemoedelijk. Er waren heel aardige mensen. Ze beschreef volgens Sirat heel specifiek de haven en hoe ze aanlegde aan een rede. Ook beschreef ze een loods en hutjes waarin ze met die mensen optrok. Ze zou volgens haar zusje Souria een heel dorp hebben nagetekend in een zandbak. Helaas is deze specifieke informatie verloren gegaan voordat ik het gezin bezocht.

Het ging niet helemaal om zuivere handel, maar het was toch ook geen echte smokkel. Het draaide ook niet om slavenhandel.

C. beschreef verder nog kleding waaronder een helm met een soort kam in het midden waar een zigzag patroon op stond. Ook had ze het over een korte dolk met een vuurstenen handvat dat ze altijd bij zich gedragen zou hebben.

Ze deed met één uitzondering slechts uitspraken over het vorige leven als de zeeman Peer. De uitzondering betrof een uitspraak rond haar vijfde dat ze voor haar leven als zeeman dokter was geweest.

C. had het nooit over haar eigen dood of over een tussenperiode tussen het huidige leven en het vorige. Overigens heeft ze geen aangeboren lichamelijke afwijkingen, maar wel een moedervlek op één van haar armen.

Haar bewuste herinneringen leken op het eerste gezicht tenminste gedeeltelijk te zijn vervaagd rond haar zevende jaar. Toen ik haar ontmoette kon ze zich naar eigen zeggen niets meer bewust herinneren, hoewel ze nog wel zei te weten dat ze de herinneringen in kwestie had gehad. Volgens haar ouders is dit echter niet helemaal waar. C. schaamt zich er voornamelijk meer om en praat er daarom niet graag meer over. Rond de lente van 2002 vertelde ze haar ouders nog dat ze zeker 95 jaar was geworden en tot op hoge leeftijd fit was gebleven. Ook zei ze dat ze veel droge koeken at op het schip; "Wij waren gezonde mannen" was haar commentaar.

Vaardigheden verbonden aan het vorige leven

C. had een aangeboren handigheid bij het klimmen. Ze had meteen al een goede grip en dat is nog steeds zo. Ze kan goed haar evenwicht houden en is lenig en goed in klimmen maar ook in turnen. Ze heeft geen last van hoogtevrees.

Toen ze twee was rende ze een keer het water in met de woorden: "Ik kan zwemmen", wat echter absoluut niet waar bleek te zijn. Er was ook sprake van een soort gehardheid die naar eigen zeggen te maken had met het vorige leven. Zo vroeg haar moeder een keer of ze ergens van schrok en C. antwoordde laconiek: "Nee joh!" Ze kon ook goed tegen een stootje.

Toen ze een stukje van een duim had verloren en de wond gehecht werd, leek het alsof het een uitje voor haar was. Ze is dus absoluut niet kleinzerig.

Verificatie

Ik zal in het vervolg proberen om de uitspraken van C. in verband te brengen met een historische realiteit.

Overzicht van verifieerbare uitspraken

1. Van la Garoenja/Karoenja naar een eiland met palmbomen.
Zoals we weten, haalde C. naar eigen zeggen erg arme mensen uit La Garoenja (versie van Sirat) of la Karoenja (van Christine) op om hen een nieuwe kans te bieden op een eiland met palmbomen.

Interpretatie

De naam La Karoenja of La Garoenja lijkt erg veel op de naam La Coruña (of 'A Coruña'), een havenstad uit Galicia oftewel Gallicië (Noordwest Spanje). Merkwaardig genoeg is dit een havenstad van waaruit veel arme mensen geëmigreerd zijn naar Cuba, dat een eiland is met palmbomen. Overigens is mogelijk zelfs het woord 'India' in deze context te plaatsen. Cuba maakte namelijk vroeger onderdeel uit van de Spaanse *Indias*, een woord vergelijkbaar met de Britse West Indies (denk ook aan het woord 'indiaan'). De term Indias duidde vroeger heel Spaans-Amerika aan. Cuba maakte daarbij specifiek deel uit van de zogeheten Indias Occidentales. Deze laatste aanduiding wordt ook tegenwoordig nog gebruikt in het Spaans als men de regio van onder andere Cuba, de Antillen, Jamaica, Puerto Rico, de Caraïbische eilanden, de Dominicaanse Republiek en Haïti op het oog heeft. In de beginperiode van de Spaanse Conquista maakte men ook wel onderscheid tussen Amerika en India door het eerste Indias nuevamente halladas en het tweede Indias antiguamente halladas te noemen. Ook het woord (la) India kon vroeger voor beide regio's gebruikt worden, maar tegenwoordig reserveert het Spaans dit normaliter voor India en slaat de benaming (las) Indias met name op de vroegere Spaanse kolonies in Amerika. Eind 1898 werd Cuba onafhankelijk van Spanje, zodat C.'s vorige leven als we India opvatten als verwijzing naar Cuba, in ieder geval al geruime tijd begonnen moest zijn voor 1898. Het lijkt anders immers onwaarschijnlijk dat ze het woord India(s) nog zou gebruiken voor Cuba .

Tegelijkertijd blijkt de massale Spaanse emigratie naar Cuba zich te hebben voorgedaan in de 19e en begin 20e eeuw, zodat de meest waarschijnlijke periode in dat geval de 19e eeuw lijkt te zijn. Het zou dan ongeveer om de periode 1865-1898 kunnen gaan, omdat dit een periode is geweest waarin volgens historische bronnen de meeste Gallicische emigranten naar Cuba en Buenos Aires vertrokken vanwege de hoge belastingen en grote werkloosheid in die tijd. Daarvoor vond er echter reeds emigratie van duizenden Galliciërs naar Cuba plaats in de jaren 1830-1865.

De reis van La Coruña naar Cuba duurde minstens 20 dagen en werd gekenmerkt door ontberingen, ook al werden schepen officieel geïnspecteerd door de Spaanse marine en immigratiedienst. Er waren vaak meer opvarenden aan boord dan was toegestaan en te weinig reddingsboten. Ook werden gezinnen soms gescheiden in mannen aan één kant van het schip en vrouwen en kinderen aan een andere kant. De passagiers kregen te maken met allerlei mensonterende ongemakken, slechte hygiëne, vuil, honger, en soms zelfs dorst.

Gallicië is echt een emigratiegebied geweest van waaruit veel mensen naar de Spaans-Amerikaanse koloniën, waaronder dus ook Cuba, vertrokken. Er bestaat nu nog steeds een Gallicische gemeenschap op Cuba. De emigratie vanuit Gallicië naar 'las Indias' tijdens de koloniale periode was vooral gericht op Havanna, Montevideo en Buenos Aires. De Oosthoek Encyclopedie schreef nog in 1948 dat la Coruña één van de voornaamste Spaanse havens was van waaruit er emigratie naar Amerika plaatsvond.

Overigens waren de Gallicische emigranten naar Cuba in de 19e eeuw kennelijk zo arm dat ze zich lieten verleiden tot het tekenen van contracten die hen tot een bijna rechteloze positie veroordeelden. Ze werden daarom wel 'escravos galegos' (Gallicische slaven) genoemd naast de Cubaanse negerslaven. Volgens de Gallicische dichteres Rosalía de Castro moesten de Gallicische arbeiders vooral niet naar Havanna emigreren, omdat ze daar zelfs slechter behandeld zouden worden dan slaven.

Op een website lezen we dat er tegen de helft van de 19e eeuw veel Galliciërs in Cuba waren die een aanzienlijke socioculturele infrastructuur opbouwden. Het belangrijkste voorbeeld daarvan is het Centro Gallego te Havanna, dat opgericht werd op 23 november 1879. Doelstellingen daarvan waren dat de leden verzekerd waren van gezondheidszorg, dat de Gallicische cultuur behouden bleef en in het algemeen dat de immigranten steun ontvingen.

2. Moekille: Wandelstok met een punt eraan die ook als wapen werd gebruikt.

Interpretatie

Het heeft me veel moeite gekost om iets te vinden dat hier op leek. Uiteindelijk lijkt me dat echter wel goed gelukt te zijn.

Ik heb op Internet gezocht naar degenstokken, op advies van mijn goede vriend Hicham. Aan de hand van het Spaanse woord daarvoor, bastón de estoque, kwam ik uit bij verschillende internetsites over de zogeheten makhila of makila, een wandelstok uit Baskenland. Het gaat hierbij om een nationaal symbool bestaande uit een wandelstok met een punt of een holle wandelstok met een steekwapen erin. Dit werd oorspronkelijk zowel gebruikt als staf als in de vorm van wapen.

Er zijn verhalen bewaard in de archieven van Baskenland over verschillende ruzies die werden uitgevochten met de makila. Andere varianten van dit woord zijn: makil, makill en makhil.

is er een geval bewaard gebleven uit 1632 van een priester uit de stad Irún (Gipuzkoa) die ging dansen met een paar meisjes. Toen hij het waagde de hand van een van de meisjes vast te houden, werd een inwoner van Irún boos. Om deze reden bevochten ze elkaar op leven en dood met makila's.

Er bestaan nu nog folkloristische sportieve evenementen in Baskenland waarbij naar de functie van wapen wordt verwezen. Al tijdens de middeleeuwen bereikte de makila ook Galicia, namelijk via de pelgrimages naar Santiago de Compostela waarbij de combinatie van beide functies van staf en wapen goed van pas kwam.

Het is onduidelijk waar het woord makila van afgeleid is. Eén mogelijkheid is dat het afgeleid is van de Baskische woorden: 'emak hila', wat '(voorwerp dat) doodt' betekent.

3. Peer van de Vurk

Interpretatie

De namen Peer en Vurk doen eerder Scandinavisch aan dan Spaans. Maar toch is het in beide gevallen plausibel dat er sprake kan zijn van verbastering van een bestaand Iberisch woord. Peer zou een verbasterde versie van Pedro of een Catalaanse variant daarvan, Pere, kunnen zijn en Vurk een verbasterde versie van Barco of Barca (schip). Deze woorden liggen fonetisch in ieder geval dicht bij elkaar. In het Spaans is er geen aparte "v-klank" meer, maar Spaanstaligen kunnen zowel de b als de v soms uitspreken als een v.

4. Allerlei minder specifieke en vagere details

Interpretatie

C. beschrijft allerlei dingen zoals de dodelijke val van een vriend uit een mast, messentrekkerij, en 'rauw' vlees aan boord, manden met fruit, e.d., die niet specifiek zijn voor een bepaalde periode maar die wel degelijk realistisch lijken. Het woord gabalatik lijkt in de verte op het Spaanse vulgaire woord cagaleta dat buikloop betekent (net als het synoniem cagalera afgeleid van cagar = schijten, kakken) of een daarvan af te leiden woord cagalético dat iemand zou aanduiden die daaraan lijdt.

De afleiding is als volgt. Er zijn allerlei infectieziekten die in het Spaans eindigen op -itis. Een lijder aan zo'n ziekte wordt in zo'n geval aangeduid met de uitgang -ítico. Bijvoorbeeld artritis: artrítico. Er zijn ook enkele ziekten die eindigen op -etis of -etes, zoals diabetis dat ook geschreven wordt als diabetes. Een patiënt duid je in dat geval aan met de uitgang -ético, bijvoorbeeld diabético. Naar analogie met deze gevallen, is een volkse afleiding cagaleta: cagalético allerminst vergezocht. Skeptici doen er goed aan dit desgewenst direct bij de Real Academia Española te Madrid te laten staven.

De naam Amma doet zowel denken aan de Spaanse vrouwennaam Ana, als aan het woord ama, dat hoerenmadam kan betekenen. (Als het echt om India in plaats van Las Indias gaat, zou het woord ook nog moeder

42

kunnen betekenen volgens Christine en Sirat zelf.)

Verklaring van het geval C.

De ouders van C. hebben geen van beiden iets met zeevaart te maken. Ze geloven allebei wel al jaren in reïncarnatie, maar dat heeft er nooit toe geleid dat hun andere dochters spontaan over vorige levens gingen praten. Bovendien hadden ze geen idee waar La Karoenja op zou kunnen slaan, en nog minder waar het woord moekille vandaan kwam. Ik ben buiten de specialisten van Internet om niemand tegengekomen die ooit van het woord makila had gehoord. Het woord is Baskisch en behoort zeker niet tot de algemene ontwikkeling van Spanjaarden. Ik heb een Spanjaard inmiddels zelf dit woord geleerd naar aanleiding van dit geval die nota bene een makila had geërfd van een voorouder, maar zonder de naam of functie van het voorwerp te kennen. De overeenkomst tussen moekille en makila lijkt mij daarbij persoonlijk zo spectaculair dat het erg gezocht overkomt om dit als niet meer dan toeval weg te willen verklaren.

De plausibele interpretatie la Coruña - Cuba - Makila wijst volgens mij al helemaal op reële herinneringen, ook al zal deze conclusie skeptici ongetwijfeld weer op de kast jagen. Let wel, ik heb het hier pertinent niet over een sluitende bewijsvoering, maar over een specifieke mogelijke interpretatie van de uitspraken van C. die deze in verband brengt met de bekende geschiedenis.

Daarbij komt dat C. op een klassieke leeftijd is begonnen en (tenminste gedeeltelijk) opgehouden met praten over een vorig leven. Dat ze een vaardigheid in het klimmen en een laconieke, introverte levenshouding vertoont die overeenkomt met die van veel zeelieden. En tot slot ook nog dat ze net als in andere sex change-gevallen als meisje (zoals dat van Gnanatilleka uit Stevensons *Twenty Cases*) onwillekeurig jongensachtig gedrag vertoonde.

Dit alles maakt het volgens mij duidelijk dat we hier te maken hebben met een klassiek reïncarnatiegeval met paranormale kenmerken. De m.i.eenvoudigste en bevredigendste verklaring voor dit soort gevallen is, zoals ik elders uitvoerig heb betoogd, de reïncarnatiehypothese. In dit geval luidt dit dus concreet dat de zeeman Peer of Pedro waarschijnlijk betrokken was bij de emigratie uit de Gallicische stad La Coruña aan het eind van de 19e eeuw, overleden is en opnieuw geboren als het meisje C. uit Molenhoek.

Verklaring van de verschijning tijdens de zwangerschap
Christine en Sirat brachten de verschijning die ze had gezien tijdens de zwangerschap zelf in verband met de Kelten. Tot mijn verbazing is de stad La Coruña van oorsprong een Keltische stad, een middelpunt van de Keltische cultuur voor de Romeinse overheersing, toen het nog Brigantia heette, stad van de stam der Brigantes. Deze havenstad zou via de zeevaart van groot belang zijn geweest voor andere Keltische landen. De Brigantes zouden de Pyreneeën over zijn getrokken op de vlucht voor andere Kelten in Gallië, het huidige Frankrijk dus. De basis van de huidige Gallicische cultuur ligt bij deze Brigantes. Allerlei culturele kenmerken, waaronder de volksmuziek, folklore en legendes, en zelfs het timbre en de semi-nasale klanken van de Gallicische taal (de Romaanse taal Galego, nauw verwant aan het Portugees) zouden afgeleid zijn van de Brigantische cultuur. In Brigantia woonden de machtigste Kelten van de hele streek en van daaruit vertrokken veel buitenlandse handelsschepen. De leiders van Brigantia, la Coruña dus, ondernamen ook expedities. De belangrijkste daarvan was naar Erin, het huidige Ierland. Daarbij trouwde een dochter van de koning van Galicia met een lid van de koninklijke familie van Ierland. Er ontwikkelden zich belangrijke handelsbetrekkingen tussen Ierland en Galicia. De volkeren zagen elkaar als Keltische broedervolkeren. Er zouden ook veel maritieme contacten geweest zijn met andere Keltische gebieden waaronder Schotland. De Brigantes verzetten zich hevig tegen de Romeinse invasie van Spanje.

Dit alles zou op zich misschien een verklaring kunnen bieden voor de Keltische sjamaan die Christine zou hebben gezien. Er zou dan sprake kunnen zijn van in de verschijning doorwerkende Keltische 'invloeden' die ver teruggaan in het overigens als zeer bijgelovig bekend staande Galicia. De historicus Pieter van Wezel heeft voor mij vastgesteld dat er ook vrouwelijke druïden bestonden.
De naam C. zelf is afgeleid van de vruchtbaarheidsgod Cerunnos of Cernunnos. De Galicische variant van deze naam is overigens Cerne, hetgeen grafisch gezien opmerkelijk overeenkomt met C.
Cerunnos is vergelijkbaar met de Griekse Pan en net als hij is door de christenen gedevalueerd tot een soort duivel. Hij werd afgebeeld met een hertengewei. Men associeerde de god met de natuur, met de dieren, met overledenen en met de smidse. Hoorns of een gewei

symboliseerden voor de Kelten contact met de hemelen oftewel het hogere.

Drs. Pieter van Wezel schreef me hier nog over: "Vaak symboliseren hoorns de godheid. De Keltische gehoornde god Cernunnos (die later voortleefde als de geheimzinnige jager Herne uit de legenden rondom Robin Hood) werd afgebeeld als Heer der Dieren. In zijn gezelschap zien wij de hertebok, de ram, de wolf, de beer en de slang. Hij wordt meestal in kleermakerszit afgebeeld. In de latere christelijke interpretatie werd echter een verband tussen het gewei op het hoofd en de hoorns van de duivel aangenomen." Bovendien stelde hij vast dat er ook enkele Keltische godinnen waren die geassocieerd werden met herten.

Overigens vereerden de Kelten in Brigantia, de voorloper van het huidige La Coruña, de gelijknamige godin Brigantia (ook bekend onder de naam Briga of Brigid). Deze godin kon voor krijgskunst en kennis staan, maar net als Cernunnos ook voor vruchtbaarheid.
De zogeheten "dia dos mortos" (allerzielen) die in Galicia in november wordt gevierd, is net als Halloween een gekerstende versie van een Keltisch feest ter ere van Cerunnos, de Samhain. Hedendaagse 'Keltische heidenen' van de Three Cranes Protogrove (Columbus, Ohio) wijdden in 2002 hun Samhain-viering pikant genoeg zowel aan Cernunnos als aan Brigantia!

Volgens sommigen werd Cernunnos met name ook in Galicia aanbeden en werkt dit door in plaatsnamen die beginnen met Cer, zoals Cervantes.

Implicaties van de casus van C.
We kunnen verschillende consequenties verbinden aan het geval van C.:
1 Het laat zien dat er, er vanuit gaande dat 'Peer' minimaal 35 geweest is ten tijde van de emigratie naar Cuba en niet veel ouder dan 95 is geworden, waarschijnlijk minimaal tientallen jaren tussen de dood uit het vorig leven en zijn wedergeboorte als C. zitten.
2 Kinderen in sex change-gevallen kunnen kenmerken vertonen die in hun cultuur doorgaans met het andere geslacht worden geassocieerd (Stevenson, 1987; 1997).
3 Er bestaan mogelijk verbanden tussen gezinsleden die al in vorige levens met elkaar te maken zouden hebben gehad (Rivas, 2001a).
4 Verschijningen of visioenen tijdens de zwangerschap kunnen

net als aankondigingsdromen verband houden met de achtergrond van een ziel in diens leven voorafgaand aan de nieuwe incarnatie (Rivas, 2002a).

Het geval van C. toont bovendien aan dat het van het grootste belang is om zoveel mogelijk gevallen te traceren van westerse jonge kinderen die zeggen zich een vorig leven te herinneren.

Hoofdstuk 5. Het geval Iris Farczády/Lucía Altares: een voorlopig verslag

In 1997 ben ik als onderzoeker verbonden aan stichting Athanasia gesponsord door het tijdschrift Prana en de Engelse SPR om deel te kunnen nemen aan een internationaal onderzoek naar een Hongaars geval van mogelijke zielsverhuizing uit de jaren '30. Dit onderzoek is inmiddels nog steeds niet definitief afgerond, maar toch wil ik nu reeds een voorlopig overzicht bieden van dit geval. Het is overigens de vraag of er ooit nog meer licht geworpen zal worden op dit geval.

Zielsverhuizing

Ik zeg hierboven nadrukkelijk zielsverhuizing en geen reïncarnatie, omdat *als* het geval inderdaad paranormaal te noemen is, er geen sprake kan zijn van gewone reïncarnatie voor de geboorte. Er moet in dat geval als het ware sprake zijn van reïncarnatie na de geboorte van een lichaam. Nu zijn er binnen de serieuze literatuur al enkele gevallen van zulke zielsverhuizing of postnatale reïncarnatie bekend.

Volgens wijlen Maria Penkala, zou er een vroege melding geweest zijn van een geval van postnatale reïncarnatie in 1756, tijdens het Ch'ien Lung-regime in China. In die dagen, zou er een lelijke en blinde vrouw geleefd hebben, een boerin die in een dorpje woonde in het Ling-pi-district in Noord-West Anhui, dat viel onder een prefect die Wang Yen-t'ung heette. Ze was erg dik, in de dertig en al langer dan 10 jaar ziek. Nadat ze overleed, liet haar man een doodskist halen, maar toen hij terugkwam leek het alsof ze weer tot leven gewekt werd, terwijl haar 'lijk' erin werd gelegd. Zij kon weer zien, en plotseling zag ze er ook jong en aantrekkelijk uit. Haar man wilde haar omhelzen, maar ze duwde hem weg en zei met tranen in haar ogen: "Ik ben Mejuffrouw Wang uit het dorp hier in de buurt. Ik ben ongehuwd. Waarom ben ik hier? Waar zijn mijn ouders en zusters?" De vreugde van de boer sloeg om in paniek. Hij stuurde onmiddellijk iemand naar de familie Wang. Daarbij bleek dat deze familie inderdaad treurde om het verlies van hun jongste dochter, die diezelfde ochtend begraven was. De familie Wang haastte zich naar het huis waar Mejuffrouw Wang zou zijn opgedoken. De vrouw omhelsde haar ouders onmiddellijk. Later herkende de familie waarin ze uitgehuwelijkt zou worden haar ook. Men bracht de zaak voor de rechter, omdat beide families beweerden dat de vrouw bij hen hoorde.

De meeste meldingen van postnatale reïncarnatie, die trouwens zeer zeldzaam zijn, lijken een vergelijkbaar patroon te volgen.

Het beroemdste en betrouwbaarste geval tot nu toe is wel dat van de jongen Jasbir. Toen deze Jasbir, de zoon van Sri Girdhari Lal Jat, slechts drie en een half jaar oud was, in de lente van 1954, stierf hij schijnbaar aan waterpokken. Zijn vader wilde hem nog diezelfde dag begraven, maar omdat het midden in de nacht was, stelde hij de begrafenis uit tot de volgende dag. Slechts enkele uren later, merkte de vader van Jasbir dat het lichaam van zijn zoon een beetje bewoog en vervolgens weer helemaal tot leven kwam. Het duurde nog enkele dagen voordat de jongen weer kon praten en nog een paar weken voordat hij zich duidelijk kon uitdrukken. Daarbij beweerde hij dat hij de zoon van Shankar uit Vehedi was en daarheen wilde gaan. Hij weigerde alle voedsel dat hij bij de Jats thuis aangeboden kreeg omdat hij bij een hogere kaste zou horen, namelijk de Brahmanen. Een vrouw uit die kaste moest zelfs ongeveer anderhalf jaar lang speciaal Brahmaans eten voor hem klaarmaken. Hij beschreef hoe hij was overleden, en dat dit gebeurd was bij een verkeersongeluk. Zijn herinneringen kwamen sterk overeen met het leven en de dood van een jongeman van 22, Sobha Ram, de zoon van Sri Shankar Lal Tyagi.

Hij vertoonde bovendien een bijzondere sterke identificatie met zijn leven als Sobha Ram. Ook herkende hij mensen uit dat leven. Volgens Dr. K.S. Rawat hebben veel mensen in India overigens een notie van dergelijke zielsverhuizingsgevallen zodat je daar soms ook dit soort verhalen kunt aantreffen, terwijl ze op bedrog of zelfbedrog berusten.

In ieder geval is er ook in het westen één geval van vermoedelijk bedrog bekend op dit gebied. Het gaat om het volgende verhaal. In mei 1956 zouden twee Italiaanse vrouwen, Ninetta Buzzi en Cigora Mucceno, allebei klinisch dood zijn geweest en daarbij hun lichamen met elkaar 'geruild' hebben. Ninetta Buzzi van 32 zou in Genua door de bliksem getroffen zijn terwijl ze van haar balkon een kamer in rende. Cigora Mucceno van 30 uit Napels had haar broer bezocht in Genua toen ze ook al door de bliksem werd getroffen, terwijl ze op weg was naar het station. De twee bewusteloze vrouwen zouden naar twee verschillende ziekenhuizen in Genua over zijn gebracht.

Daarbij zouden ze allebei zijn bijgekomen en onafhankelijk van elkaar hebben beweerd dat ze de andere vrouw waren. Het geval zou onderzocht zijn door ene Professor Armenio Sibello die zou hebben vastgesteld dat het niet langs normale, psychologische weg verklaard kon worden.

Helaas bleek toen ik hier meer informatie over verzamelde, al gauw dat dit Italiaanse geval naar alle waarschijnlijkheid echt een zeldzaam Europees geval van bedrog was. Dr. Paola Giovetti, een toonaangevende Italiaanse parapsychologe, had er nog nooit van gehoord en Armenio Sibello lijkt zelfs nooit te hebben bestaan, want hij is vooralsnog in ieder geval volstrekt ontraceerbaar.

Als je dit meemaakt rond een bepaald type gevallen, word je er natuurlijk extra wantrouwend over. Nu bestond er dus zoals gezegd een Hongaars geval uit de jaren '30 dat als het geen bedrog was (zoals de case van Ninetta Buzzi/Cigora Mucceno), mogelijk in de categorie van postnatale reïncarnatie thuishoort, net als het geval Jasbir of het recentere Indiase geval Sumitra (Rawat & Rivas, 2003).

Iris Farczády

Iris Farczády uit Boedapest was een Hongaars meisje van lagere adel van een jaar of 15 toen haar in augustus 1933 iets heel merkwaardigs overkwam. Zij was samen met haar moeder al enige tijd bezig geweest met spiritistische experimenten waarbij zij zelf als medium had gefungeerd. Een heleboel 'geesten', waaronder waarschijnlijk ook enkele fantasie-entiteiten afkomstig uit haar eigen onbewuste, zoals Xerxes en Leonidas, hadden zich daarbij gemanifesteerd. Ook een Spaanse, Letitia genaamd, bleef een keer een hele week in haar lichaam, en er waren ook een soort plaaggeesten bij haar spiritistische 'loopbaan' betrokken.

Hetzij ten gevolge van een spiritistische trance, hetzij door een ziekte, raakte zij in augustus 1933 buiten kennis. Toen zij bijkwam, zou haar lichaam overgenomen zijn door de ziel van een straatarme Spaanse arbeidersvrouw van in de 40 uit Madrid, Lucía Altares geheten. Zij sprak geen Hongaars maar alleen vloeiend Spaans (en volgens sommigen een beetje Duits) en ze herkende de familie van Iris niet. Ook zou ze bepaalde dingen over Madrid verteld hebben die Iris niet geweten kon hebben, Spaanse liedjes en dansen hebben opgevoerd en Spaanse gerechten hebben gekookt.

Toen Lucía pas in het lichaam van Iris getreden leek te zijn, beweerde ze dat ze het een erg merkwaardige en eigenlijk ook prettige ervaring had gevonden om als vrouw van middelbare leeftijd opeens weer het mooie lichaam van een jong meisje te hebben gekregen. Met sommige familieleden van Iris klikte het goed, maar vooral met haar moeder een stuk minder. Mevrouw Farczády wilde in feite haar dochter Iris terugkrijgen en vond Lucía een ongemanierde, enigszins ordinaire vreemdeling. Zo dronk ze bijvoorbeeld bier en rookte ze sigaretten. Aanvankelijk veroorzaakte dit geval nogal wat beroering in Boedapest en allerlei mensen, onder wie ook Spanjaarden, werden er bij betrokken om vast te stellen in hoeverre deze 'Lucía' werkelijk paranormale kennis vertoonde. En natuurlijk ook of ze in onverklaarbare mate Spaans kon spreken.

Helaas is het onderzoek in de jaren '30 op een gegeven moment gestaakt, omdat de meeste betrokkenen blijkbaar dachten het geval af te kunnen doen als een voorbeeld van pseudo-spiritistische identificatie. Iris Farczády zou zich volgens deze hypothese vereenzelvigd hebben met kennis of ideaalbeelden die zij er onbewust op nahield van Spaanse vrouwen. Wat hierbij vooral meewoog, was het gegeven dat Iris op jonge leeftijd, tussen haar vijfde en zevende jaar, in Nederland had verbleven om daar net als andere Oost-Europese kinderen bij te komen van de nasleep van de Eerste Wereldoorlog. Het ging om een verblijf bij dominee S. Veltman in het dorpje Zevenhuizen in de provincie Groningen. Zonder dit verder na te trekken, concludeerden skeptici dat het zeer waarschijnlijk was dat Iris haar kennis van de Spaanse taal en cultuur had opgedaan in dit dorpje Zevenhuizen. En daarmee was voor hen de zaak afgedaan.
De familie Farczády was vanaf dat moment in feite gestigmatiseerd en gepathologiseerd als fanatische, zweverige spiritisten en zij trok zich daarom ook zo snel mogelijk uit de publiciteit terug.

Pas veel later, in de jaren '80, slaagde een Hongaarse onderzoeker, Zsolt Bánhegyi, erin om de inmiddels bejaarde Lucía Altares, zoals ze zichzelf inderdaad nog steeds noemde, te traceren. De normale persoonlijkheid van Iris Farczády was tijdens een paar vroege hypnotische sessies uit de jaren '30 als het slachtoffer van een soort bezetenheid 'teruggekomen'. Daarna was Iris echter nooit meer weergekeerd en had ze misschien wel voorgoed het 'toneel' (of haar lichaam) verlaten. Overigens was Lucía bij één van die gelegenheden, onder leiding van onderzoeker Guido Kassal zelf als een automatisch schrift-medium opgetreden. Niet alleen Iris maar ook andere 'entiteiten' zouden daarbij via haar hand boodschappen hebben doorgegeven terwijl Lucía zich daar niet van bewust was. Onder Hongaren stond Lucía inmiddels bekend onder de Hongaarse equivalenten van haar Spaanse naam! Officieel stond ze echter nog steeds te boek als Iris Farczády, hoewel ze getrouwd was geweest met iemand die Krebsz heette, zodat ze geregistreerd stond als: 'Krebsz-Farczády Iris'.

Kort na zijn ontdekking maakte Zsolt Bánhegyi voor de Hongaarse televisie met een filmploeg een documentaire over haar. Nieuwe publicaties over het geval verschenen er echter niet buiten Hongarije. De sympathieke en briljante Bánhegyi Zsolt (zoals zijn namen in de Hongaarse volgorde luiden) was zelf volledig overtuigd van de authenticiteit van het geval. Hij vond het daarom blijkbaar niet nodig om er zelf een Duits- of Engelstalig artikel over te schrijven, hoewel hij dus wel een documentaire maakte voor de Hongaarse televisie.

Per toeval kwam ik via Hans Gerding van het Parapsychologisch Instituut te Utrecht in de zomer van 1997 in contact met de Weense onderzoeker Peter Mulacz die ik over het geval Iris Farczády aansprak. Merkwaardig genoeg werd hij rond diezelfde tijd ook benaderd door de Engelse SPR-onderzoekster Mary Rose Barrington met een vergelijkbaar verzoek om informatie over Lucía. Aangezien Peter Mulacz kort daarop kennismaakte met Zsolt Bánhegyi, kwamen we al snel te weten dat Lucía Altares nog steeds in leven was en nu de 80 naderde. Het was dan ook zaak om als we het geval zelf nog wilden bestuderen, dit nu meteen te doen en niet te wachten tot ze al overleden zou zijn.
Mary Rose Barrington slaagde erin om van haar SPR geld los te krijgen om ons onderzoek in Hongarije te financieren. En zo bezochten zij, Peter Mulacz, twee vriendinnen van Mary Rose, en ikzelf in april 1998 Boedapest.

Aanvankelijk was ik eerlijk gezegd zeer wantrouwend over het hele geval, vooral ook omdat Zsolt Bánhegyi in zijn grote oprechtheid ironisch genoeg een beetje verdacht op mij overkwam. Daarbij sprak hij de Spaanse naam Lucía ook nog eens als Lúcia uit, wat mij al helemaal niet gunstig stemde. Bovendien zag hij mij in het begin mogelijk als een arrogante betweter die door zijn relatief jonge leeftijd toch niet belangrijk kon zijn, en hij behandelde me daar ook een beetje naar. Tot overmaat van ramp gingen er ook nog enkele afspraken niet door, door toedoen van de familie van Iris Farczády. Die was helemaal niet in voor weer een onderzoek dat de Farczádys (en nu dus ook Krebsz) opnieuw in opspraak zou kunnen brengen.

Mijn houding veranderde echter dramatisch, toen Zsolt ons gezelschap samen met zijn assistent Kalman naar een plaatsje dichtbij Boedapest bracht om daar alsnog Lucía te ontmoeten.
Zij bleek na al die jaren nog redelijk vloeiend Spaans te spreken en deed dat dan ook met mij persoonlijk (de enige die goed Spaans sprak van ons gezelschap). De gesprekken, voorafgegaan en afgewisseld door interviews in het Duits en Hongaars werden voor het grootste gedeelte op cassetteband - die helaas meteen al bijna helemaal verloren ging - en videoband vastgelegd. We bezochten haar trouwens op twee opeenvolgende dagen, namelijk 4 en 5 april 1998. Op 5 april kregen we assistentie van een Hongaarse filmploeg bestaande uit Tibor Kocsis en ene Bela.

Mijn gesprekken in het Spaans met Lucía Altares

Voordat ik inga op mijn gesprekken met Lucía eerst maar eens een paar fragmenten uit die gesprekken, aan de hand van de videoband die hiervan opgenomen werd:

Fragment van het gesprek van 4 april 1998

TR. (Titus Rivas) Pues, nos ha contado mucho sobre su vida en Madrid y aquí también.
TR. Nou, u hebt ons een heleboel verteld over uw leven in Madrid en hier ook.

LA. (Lucía Altares) Sí.
LA. Ja.

TR. Y ya nos ha dicho que se ha olvidado de mucho de la vida en Madrid.
TR. En u hebt ons al verteld dat u veel vergeten bent van uw leven in Madrid.

LA. Y me había (onduidelijk) olvidado mucho de las calles. Pero yo conocería las calles, momento, en este momento no puedo.
LA. En ik was veel vergeten van de straten. Maar ik zou de straten wel kennen, moment, op dit moment kan ik het niet.

Commentaar: Het is onduidelijk welke werkwoordsvorm ze van het werkwoord 'haber' (hebben) gebruikt.

TR. Ya hace mucho tiempo, ¿eh?
TR. Het is al lang geleden, hè?

LA. Sí, hace mucho tiempo y había (?) olvidado mucho, mucho tiempo.
LA. Ja, het is al lang geleden en ik was veel vergeten, lang geleden.

TR. Sí, claro, me parece lógico.
TR. Ja, natuurlijk, dat lijkt me logisch.

LA. Sí, es natural. 'Es natural' se dice. Yo pienso que es natural.
LA. Ja, dat is natuurlijk. Het is natuurlijk, zegt men dan. Ik denk dat het natuurlijk is.
Commentaar: Haar zelfverzekerde gebruik van 'natural' is zeer idiomatisch, net als de uitdrukking 'se dice' (men zegt).

LA. También Budapest, en Budapest no conocería las calles. No podría decirle las calles, estatuas, no.
LA. Ook Boedapest, in Boedapest zou ik de straten niet kennen. Ik zou u de straten, standbeelden niet kunnen zeggen, nee.

TR. Como usted tiene tantos problemas, ¿no?
TR. Omdat u zoveel problemen heeft, he?
Commentaar: Ik doel hierbij op het feit dat Lucía erg klaagde over haar armoede en slechte verstandhouding met familieleden. Dat ze dus zoveel aan haar hoofd had, dat ze een heleboel dingen niet meer goed wist.

LA. No, eh, con éstas no tengo problemas.
LA. Nee, met deze heb ik geen problemen.
Commentaar: Ze gebruikt hier mogelijk de vrouwelijke vorm 'éstas' voor 'calles' (straten) en 'estatuas' (standbeelden).

LA. Porque no necesit.. No es necesario para mí.
LA. Omdat ik het niet nodig... Het is niet nodig voor mij.

Fragment van het tweede gesprek, op 5 april 1998

LA. Porque enfermos los hijos una vez enfermas [sic], otra vez cosiendo la ropa para ellos, y lavando, estaba lavando siempre.
LA. Omdat ziek de kinderen, nu eens ziek [sic], dan weer de kleren aan het naaien voor hun, en aan het wassen, ik was altijd aan het wassen.
Commentaar: Dit is misschien de meest verwarde zin geweest die ze heeft uitgesproken tijdens onze twee bezoeken.

TR. Sí, con tanto trabajo no había tiempo. Sí, siempre había algo que hacer.
TR. Ja, met zoveel werk was er geen tijd. Ja, er was altijd wel iets te doen.

LA. Sí, pero aquí en la casa. En la casa, que trabajo había siempre en la casa para mi familia. Guisando, lavando, que hacen las mujeres o las madres.
LA. Ja, maar hier (sic) thuis. Bij mij thuis, want werk was er altijd bij mij thuis voor mijn gezin. Koken, wassen, wat vrouwen of moeders doen.
Commentaar: Het lijkt erop dat Lucía hier over Madrid praat in de tegenwoordige tijd, iets wat af en toe ook voorkomt bij kinderen die zich een vorig leven kunnen herinneren. Het 'que' hoort eigenlijk 'lo que' te zijn.

TR. ¿Veinticuatro horas al día?
TR. Vierentwintig uur per dag?

LA. Sí.
LA. Ja.

TR. ¿Todo el día?
TR. De hele dag?

LA. Todo el día, todo el día.
LA. De hele dag, de hele dag.

LA. Cosiendo siempre para los muchos niños en casa y para los nietos también, que tenía ya nietos también.
LA. Altijd aan het naaien voor mijn vele kinderen thuis en voor mijn kleinkinderen ook, want ik had ook al kleinkinderen.

TR. ¿Sí?
TR. Ja?

LA. Sí, tres nietos.
LA. Ja, drie kleinkinderen.

De 80-jarige Lucía sprak het soort Spaans dat je zou kunnen verwachten van iemand die lang in het buitenland had verbleven en daarbij bijna nooit meer haar moedertaal had gebruikt. Haar uitspraak (die volgens bepaalde deskundigen uit de jaren '30 perfect was geweest) was enigszins Hongaarser geworden. Zo leek de Spaanse slisklank 'ce' of 'zeta' te zijn vervangen door een scherpe 's'. Ook haar grammatica en syntaxis waren enigszins verarmd, vergeleken met die van mensen in Spanje zelf en mogelijk waren ze ook beïnvloed door meer dan 60 jaar Hongaars. Ze maakte verder hier en daar fouten die neerkwamen op een verwisseling van de eerste met de derde persoon enkelvoud (zoals 'conoce' in plaats van 'conozco', dat ze overigens wèl gebruikte). In twee gevallen draaide ze klinkers van woorden om, ze zei namelijk 'oja' waar ze 'ajo' bedoelde (ajo = knoflook) en 'sacoran' waar ze 'sacaron' bedoelde (sacaron = ze haalden weg). De merkwaardigste lexicale misser was het onbestaande woord 'purrím' of 'purím' voor een kerstlekkernij (het doet overigens wel denken aan het joodse Poerim, maar dat is hier domweg niet van toepassing). Dit woord lijkt overigens wel een beetje op 'turrón', dat inderdaad zo'n lekkernij is.
Daarnaast raakte ze ook meermalen in de war, en zei iets in het +Hongaars tegen mij of in het Spaans tegen de Hongaren. In ieder geval gebruikte ze naar de videoband te oordelen spontaan meer dan 200 correcte Spaanse woorden, vóórdat ik de woorden zelf gebruikt had

Was er nu ook sprake van echte idiomatische kennis van het Spaans van het soort dat je je moeilijk eigen kunt maken uit boekjes? Daar leek het inderdaad wel degelijk op, getuige de volgende voorbeelden:

(1) Ze gebruikte meermalen het woord *hijo* (zoon) of het verkleinwoord daarvan, hijito toen ze mij aansprak of over mij praatte. Wat zeer Spaans is voor oudere vrouwen; mijn eigen Spaanse oma deed dit bijvoorbeeld ook.

(2) Toen ik haar vroeg waar de wc was en daarvoor het woord *servicio* gebruikte, begreep ze me meteen en zei *Me da vergüenza*, wat zoiets betekent als "ik schaam me ervoor".
Hoewel een Hongaarse vriend van mij, Gyula Toth, me verteld heeft dat dit schaamtegevoel heel normaal is in Hongarije, is de uitdrukking in ieder geval erg Spaans.

(3) Ze vertelde dat ze bekend had gestaan als *Tía Lucía* (Tante Lucía) wat onder eenvoudige Spanjaarden een gebruikelijke benaming is voor een populaire vrouw van middelbare leeftijd of ouder.

(4)   Ze kende de naam van een stenen kruik op een schilderij van Murillo, namelijk porrón. Ze vertelde me hoe ze zelf uit een dergelijke stenen kruik gedronken had door de kruik boven haar hoofd te houden. Ook noemde ze daarbij het woord *chorrera*, wat hier zoiets als "opening waar water of wijn uit gegoten wordt" betekent, een zeer ongebruikelijk idiomatisch Spaans woord, zeker in deze contextgebonden betekenis. Ik zelf kende het nog niet, en dit gold ook voor twee vrienden van mij die Spaans als moedertaal hebben, Pablo Campo Carrera en Ignacio Minaya Sánchez.

Sommige skeptici uit de jaren '30 stelden vast dat haar kennis over Madrid en dergelijke soms nogal magertjes leek. Ze scheen zelfs bepaalde algemeen bekende plekken in Madrid niet te herkennen op afbeeldingen. En dit was met name het geval als ze zich niet op haar gemak voelde en daardoor extra zenuwachtig werd. De plaatsen die ze tijdens ons bezoek noemde, bevinden zich trouwens over het algemeen in het centrum van Madrid of daar vlakbij, hoewel ze bijvoorbeeld wel veel schijnt te hebben geweten van Madrileense kerken. Deze kennis legt parapsychologisch gezien overigens helaas weinig gewicht in de schaal, omdat de gegevens ook in de jaren '30 vermoedelijk al gemakkelijk op te zoeken waren in een reisgids of encyclopedie. Ze maakte tijdens onze 'expeditie' ook een opvallende fout door te zeggen dat er op de Plaza Mayor stierengevechten werden gehouden in haar tijd, terwijl dit al eeuwen een gewoon (markt)plein is.

Naast haar idiomatische kennis van het Spaans, leek Lucía ook op de hoogte van specifieke vaardigheden die met Spanje te maken hebben. Dit betrof niet zozeer haar kennis van de Spaanse keuken, omdat ik in haar huis al snel een Spaans kookboek in het Hongaars aantrof. Maar wel haar bewering dat ze in de jaren '30 toen ze haar Spaanse dansen ten beste had gegeven in Boedapest, opgemerkt werd door een vrouw uit India. Het betrof volgens Lucía een impresario of hoofd van een Indiaas dansgezelschap genaamd Nemeka en ze zou volgens haar gezegd hebben dat de dansen in kwestie sterk leken op Indiase dansen. Wat dit bijzonder maakt, is dat sommige Spaanse dansen, en met name flamencodansen inderdaad nauw verwant zijn aan Indiase dansen. Dit ligt aan de inbreng van de Spaanse zigeuners die uit wat nu India en Pakistan is stammen. Over het algemeen is dit gegeven niet bekend onder leken en als de ontmoeting echt heeft plaatsgevonden, impliceert het regelrecht dat Lucía werkelijk een soort flamencodansen kon opvoeren, iets wat ze in Hongarije zeker niet ongemerkt geleerd kan hebben. Het is trouwens opmerkelijk dat niemand van de skeptici (voor zover ik weet) beweert dat Iris deze dansen ergens in Hongarije of Nederland zou hebben geleerd, maar dat zij dit gegeven in plaats daarvan gewoon hebben genegeerd. Jammer genoeg is het onduidelijk of het verhaal nu waar is of niet.

Ook bezat ze specifieke kennis van Spaanse gebruiken. Zo wist ze dat mensen in Spanje beelden van María versieren met zelfgemaakte mantels, wat inderdaad heel gebruikelijk was onder het gewone volk. Maar ook dit kun je in principe nog wegverklaren door geneus in een encyclopedie.
Er waren ook nog resten van een legende van de heilige Jacobus (Santiago) bij Lucía aanwezig, die te maken hadden met de 'Virgen del Pilar' (Maagd van de Pilaar). Het ging om een zeer specifieke legende die vooral bekend is onder gelovige Spaanse katholieken. Het Spaanse Onze Vader kende ze trouwens duidelijk niet meer, toen ik haar daarnaar vroeg.
Voorts wist ze dat er zigeunervrouwen in Madrid waren die *las tías* (de tantes) werden genoemd, een correcte benaming onder zigeuners, die andere zigeuners namelijk allemaal als familie beschouwen. Zo zegt ene Juan de Dios Ramírez Heredia: "Wij zijn zo overtuigd van de familiebanden die ons verbinden met alle componenten van ons ras, dat

we elkaar 'primos' (neven of nichten) noemen als we ongeveer even oud zijn, en als de één een stuk ouder is dan de ander, dan zal de jongere van de twee de ander 'tío' (oom) of 'tía' (tante) noemen, en deze zal de jongere weer 'sobrino' (neef) of 'sobrina' (nicht) noemen."

Deze tantes zouden een soort kruidendokters zijn geweest, inderdaad een typische bezigheid van 'heksachtige' zigeunerinnen, hoewel dit laatste natuurlijk wel algemener bekend is.

Dan was er nog iets wat me opviel aan Lucía. Naast haar idiomatische kennis van het Spaans en haar kennis van vaardigheden en gebruiken, vertoonde ze ook nog eens iets wat je zou kunnen aanduiden als 'typisch Spaanse sentimenten'. Ze vond de mentaliteit en sfeer onder Hongaren erg koud, een woord dat veel Spanjaarden al heel snel gebruiken om de sfeer buiten Spanje mee aan te duiden. Ze zocht wat dat betreft ook meermalen steun bij mij als (halve) Spanjaard en omhelsde mij spontaan op de Spaanse manier (met een zoen op elke wang). Hongaren leken dit inderdaad veel minder gauw te doen, voor zover ik het kon beoordelen. Ook zei ze dat armoede in Hongarije betekende dat je ook echt ongelukkig was, vanwege de kille sfeer daar. Terwijl arm zijn in Spanje nog niet betekende dat je levensgeluk daardoor helemaal verpest werd. Ze was zelf gelukkig geweest in Spanje ondanks haar bittere armoede.

Persoonlijke gegevens die Lucía heeft genoemd
Lucía Altares verstrekte in de jaren '30 enkele persoonlijke gegevens. Ze noemde natuurlijk haar eigen naam, Lucía Altares of Altarez . Ze vermeldde geen tweede achternaam, wat officieel wel zo hoort in Spanje, hoewel in de praktijk wel vaak alleen de eerste achternaam wordt gebruikt. Dan noemde ze de naam van haar man, Pedro Salvo of Salvio. Ze zei dat ze allebei zeer arme communistische arbeiders waren geweest die ergens achteraf in een soort steegje, de Calle Oscura (letterlijk 'donkere straat'), hadden gewoond.
Zij was dienstmaagd en wasvrouw geweest en hij sleutelmaker of metselaar. Ze hadden een heleboel kinderen met elkaar waarvan ze de namen noemde.
Lucía was ondanks haar communisme lid van de parochie van de heilige Isidro in Madrid. Als meisje had ze flamencodansen en liedjes geleerd van zigeuners. Samen met haar zus Juanita was ze opgetreden in een flamencocafé, in de Calle de Alcalá, een lange straat in het centrum van Madrid. Juanita had later zelfmoord gepleegd.

Lucía was waarschijnlijk bezweken aan de gevolgen van tbc waar ze in ieder geval aan leed. Een andere mogelijkheid was dat ze tijdens een opstand was omgekomen. Er waren enkele jaren verstreken waarna ze dus terecht zou zijn gekomen in het lichaam van Iris Farczády.

Wat is er nu correct aan deze uitspraken?
Een onbetrouwbaar artikel beweert dat Pedro Salvo uiteindelijk is teruggevonden in Madrid en alles wat Lucía zei, heeft bevestigd. Dit is waarschijnlijk pure nonsens, want er is in de serieuze literatuur niets van bekend geworden en ook Lucía kon zich dit in 1998 helemaal niet herinneren.

Ikzelf ben er echter wel in geslaagd om het volgende vast te stellen:
- Het Gemeentearchief van Madrid meldde mij dat er geen enkele Lucía Altares geregistreerd staat, noch aan het einde van de vorige eeuw noch begin deze eeuw. Zoiets kan twee dingen betekenen: óf ze heeft nooit bestaan, óf ze heeft wel bestaan, maar haar arme, proletarische ouders hebben haar nooit laten registreren. Ik weet niet of dat laatste wel zo aannemelijk is.
- De namen Lucía en Pedro zijn natuurlijk Spaanse voornamen, maar ik ben er ook achtergekomen dat Altares èn Salvo in 1998 allebei ettelijke malen voorkomen in het telefoonboek van Madrid! Daarbij zijn het geen van beiden erg gebruikelijke, 'clichématige' Spaanse achternamen zoals González, García of López. Ze komen bijvoorbeeld ook geen van beide voor op een uitvoerige internetsite van Spaanse achternamen uit Madrid. Ook zijn ze niet bekend als de namen van befaamde Spaanse artiesten of geleerden. We kunnen er bovendien tamelijk zeker van zijn dat Iris Farczády in de jaren '30 geen Spaanse telefoonboeken heeft kunnen inkijken. Daarmee lijkt de kennis van deze achternaam regelrecht 'paranormaal' te noemen tenzij ze alsnog voorkwamen in een boek over Madrid dat ze ongemerkt op de kop had kunnen tikken.
Mede op mijn initiatief heeft Mary Rose Barrington overigens op kosten van de SPR brieven gestuurd naar alle mensen die tegenwoordig onder 'Altares' en 'Salvo' in het Madrileense telefoonboek staan. Met het verzoek om ons alle informatie te sturen die ze misschien hebben over Lucía en Pedro. Dit heeft wel enkele antwoorden opgeleverd, maar vooralsnog geen positief resultaat.

- Helaas is de rest van de gegevens nog niet geverifieerd of weerlegd, omdat we dus nog geen aanknopingspunten hebben kunnen vinden in het archief. Wel weet ik zelf dat er in de Calle de Alcalá juist rond de eeuwwisseling veel flamencocafés waren die bekend stonden als café cantante. Maar misschien is dit ook al toe te schrijven aan het neuzen in een boek over Madrid.

Enerzijds lijken met name de achternamen Altares en Salvo, maar ook wat idiomatische woorden en uitdrukkingen en specifieke kennis over gebruiken, te duiden op paranormale informatie. Haar verhaal over de Indiase impresario doet bovendien denken aan een mogelijke paranormale vaardigheid.
Helaas geldt anderzijds wel dat we niet weten in hoeverre Iris Farczády toegang heeft gehad tot bronnen over Madrid en de Spaanse cultuur. Wellicht is er bijvoorbeeld een roman waarin alle gegevens vermeld stonden, inclusief het verband tussen flamenco en Indiase dansen. We hebben daar geen bewijsmateriaal voor, omdat niemand in de jaren '30 hier aan gedacht heeft. Voor een normale verklaring pleit overigens met name het gegeven dat Lucía Altares en Pedro Salvo nergens in de Madrileense archieven vermeld staan.

Heeft Iris het Spaans van Lucía buiten Spanje geleerd?
Dit was natuurlijk de belangrijkste vraag binnen ons onderzoek. Omdat als dat niet zo is, we hoe dan ook te maken hebben met een zeer sterk, paranormaal geval van zogeheten xenoglossie (spreken in een taal die men in dit leven niet geleerd heeft) in verband met postnatale reïncarnatie, ook al zouden de uitspraken verder inhoudelijk niet paranormaal zijn.
Er zijn van oudsher terecht drie mogelijke niet-Spaanse bronnen aangewezen voor het Spaans van Lucía. Dit zijn de plaats Oedenburg (tegenwoordig bekend als Sopron), alwaar Iris tijdens haar middelbare schooltijd op een meisjesinternaat had gezeten, natuurlijk Boedapest zelf en tenslotte ook nog de Nederlandse plaats Zevenhuizen in Groningen.
De Hongaarse onderzoeker Karl Röthy benaderde om de eerste mogelijkheid, Oedenburg, uit te sluiten reeds in 1933 prof. dr. Tibor Marcsek en dr. Béla Meller van het meisjesgymnasium/internaat waarop Iris Farczády samen met haar zus Renée van 1929 tot 1932 had gezeten. Deze deelden hem mede dat niemand van hun leraren of leerlingen en ook geen van de vroegere klasgenoten en hartsvriendinnen

60

van Iris uit die tijd er iets van gemerkt had dat ze in die periode Spaans sprak of aan het leren was.

Wat betreft Boedapest was er even sprake van dat een leraar Spaans uit deze stad Iris Spaanse les zou hebben gegeven. Er werd zelfs een naam genoemd, Dr. Zoltan Végh, maar toen de persoon in kwestie hierop werd aangesproken, bleek dit volstrekt onjuist. Er werd ook geen enkele andere aanwijzing gevonden dat Iris langs normale wegen Spaans had geleerd in Boedapest.

En dan nog Zevenhuizen, in feite de belangrijkste skeptische hypothese. Karl Röthy ontving in juni 1935 een brief van Dominee S. Veltman uit Zevenhuizen, de 'pleegvader' van Iris Farczády tijdens haar verblijf in Nederland. Daarin schreef Veltman dat Iris terwijl ze twee jaar bij hem woonde nooit Spaanstalige mensen was tegengekomen. Ze had in die tijd trouwens wel goed Nederlands leren spreken en was zelfs haar Hongaars 'vergeten'. Om dit nader te staven nam ik zelf contact op met de Gereformeerde Gemeente van Zevenhuizen en vernam dat Dominee Veltman inderdaad pastor bij deze gemeente geweest was. Tevens vertelde men mij dat hij enkele maanden na zijn schrijven aan Röthy aan een hartaanval was overleden. We kunnen er dus van uitgaan dat niet alleen de naam van de dominee, maar ook de inhoud van zijn brief overeenkomt met de feiten.

Ten behoeve van een nog sterkere ontkrachting van de sceptische hypothese namen zowel ikzelf als Drs. Pieter van Wezel contact op met 'scriba' mevrouw Bandringa-Werkman uit Zevenhuizen en via haar kwamen we te weten dat het hulpverleningsproject uit de jaren '20 uitsluitend Midden-Europese kinderen betrof die leden onder de nasleep van de oorlog, en dus geen Spaanstalige kinderen.

Pieter van Wezel onderzocht tenslotte in het archief van Leek (waar de gemeente Zevenhuizen onder valt) ook nog of er in Zevenhuizen misschien Spaanstaligen woonachtig waren geweest. Ook dit bleek niet het geval. Hij vond alleen enkele vermoedelijke afstammelingen van Sefardische Joden, overigens met Nederlandse voornamen. Op 25 juni 1998 werd een en ander nog eens bevestigd tijdens een gesprek van Pieter van Wezel met ene W. Loonstra die de archieven te Leek ten behoeve van eigen doeleinden grondig had uitgespit voor de periode 1811-1937. Daarbij was ook hij geen enkele Spaanse of Spaans-Amerikaanse achternaam tegengekomen.

We kunnen dus de meest favoriete skeptische hypothese in ieder geval echt uitsluiten.

De enige normale mogelijkheid die daarmee overblijft, is dat Iris zich zelf in het geheim verdiept heeft in het Spaans. Dit is echter op geen enkele wijze onderzocht door de toenmalige skeptici. Hetgeen weer eens aantoont hoeveel we doorgaans aan dergelijke lieden hebben bij gedegen parapsychologisch onderzoek.

Discussie

Laten we eerst nog eens kijken naar de mate waarin Lucía vloeiend, idiomatisch Spaans sprak en wat dit impliceert. We hebben al gezien dat ze tenminste een paar idiomatische uitdrukkingen kende. Haar begrip van mijn eigen Spaans was trouwens ook groot, hoewel ze door nervositeit soms niet zo goed naar me luisterde en af en toe al antwoord gaf voordat ze goed had begrepen wat ik vroeg. Heeft ze dit Spaans nu misschien toch geleerd in Boedapest of in het huidige Sopron (het vroegere Oedenburg)?

We moeten hierbij beseffen dat niets er op wijst dat zij (of in dat geval beter gezegd: Iris) in Boedapest les heeft gehad van een Spanjaard. Journalist Karl Röthy heeft op dit punt naar alle waarschijnlijkheid voldoende onderzoek gedaan en niets kunnen vinden. Ik heb voorts in samenwerking met Pieter van Wezel zelf vastgesteld dat Iris ook in Nederland geen gelegenheid had om Spaans te leren. Dat wil dus zeggen dat zij haar Spaans alleen autodidactisch geleerd kan hebben uit een of ander studieboek dat ze heimelijk op de kop had kunnen tikken. Is dat nu aannemelijk? Als we ons richten op het Spaans dat ze nu rond haar 80e spreekt en buiten beschouwing laten dat de bronnen uit de jaren '30 beweren dat ze toen ook al vloeiend Spaans sprak, is het misschien nog best denkbaar dat Iris zich dit niveau na al die decennia door jarenlange studie eigen heeft gemaakt. Iris was namelijk een zeer begaafde leerlinge en erg goed in talen. Ze sprak vloeiend Frans en Duits en heeft als kind Nederlands gesproken. Duits spreekt Lucía inmiddels zelf ook vloeiend en tevens tenminste een beetje Frans, hoewel dit goed verklaarbaar is door het feit dat ze jarenlang contact had met welgestelde kringen van Boedapest totdat ze ten prooi viel aan haar huidige armoede.

Het punt is echter dat Lucía toen al, in de jaren '30, dit niveau van Spaanse taalvaardigheid vertoonde en waarschijnlijk nog een hoger niveau, naar de rapporten uit die tijd te oordelen. We kunnen die rapporten serieus nemen, omdat ze ook nu nog vloeiend Spaans spreekt.

Er moet hoe dan ook een verband bestaan tussen haar vaardigheid toen en nu. Het is namelijk onzinnig te veronderstellen dat de claim dat ze toen goed Spaans kon spreken een kwestie van bedrog was (, met andere woorden dat ze helemaal geen Spaans kon spreken) en dat ze nu dan in de tussentijd Spaans geleerd zou hebben. Overigens geeft Lucía wel toe dat ze inmiddels moderne Spaanse films heeft gezien. Waarschijnlijk heeft ze daar bepaalde woorden uit opgepikt, zoals in ieder geval het woord televisor (televisietoestel).

Ook is het bepaald niet ondenkbaar dat ze in al die jaren wel eens een Spaanse grammatica in handen heeft gehad en wellicht ook Spaanse romans. Maar het is niet waarschijnlijk dat haar huidige taalvaardigheid daar helemaal door bepaald is, en niets te maken zou hebben met de geconstateerde taalvaardigheid uit de jaren '30. Waarom zou ze bovendien na al die jaren zonder dat er onderzoekers waren die zich met haar bezighielden en terwijl ze in feite al 'afgeschreven' was door de oorspronkelijke onderzoekers, nog steeds zo vasthouden aan haar Spaans en haar Spaanse identiteit als deze geen basis hadden in wat ze in die tijd al vertoonde? Dezelfde onderzoekers uit de jaren '30 die haar casus haastig wegverklaarden hebben overigens ook helemaal niet ontkend dat ze vloeiend Spaans sprak, maar zij stelden alleen dat ze dat Spaans ergens anders, zoals in Boedapest of Zevenhuizen geleerd had. Daarmee blijft wat betreft 'normale' verklaringen alleen de hypothese over dat Iris zich haar Spaans toch nog in een recordtempo volledig autodidactisch eigen heeft gemaakt met behulp van een leerboek en zonder contact met Spanjaarden. Dit is voor de skeptici uit de jaren '30 blijkbaar geen optie geweest, want zij zochten het zoals gezegd wel degelijk in de richting van mondeling onderricht en contacten met Spaanstaligen.

Voorlopige interpretatie van het geval Iris Farczády/Lucía Altares
In bepaalde opzichten doet het geval van Lucía Altares ons denken aan meer of minder pathologische gevallen zoals het door mijzelf bestudeerde geval van Maya P. en dat van Hélène Smith bestudeerd door Flournoy. In al deze drie gevallen zou er namelijk sprake zijn van een tijdelijke of langdurige overname van het leven van een meisje of vrouw door een onbelichaamde geest. Nu wordt het dus de vraag of er alleen overeenkomsten met die gevallen bestaan of ook belangrijke verschillen:

- In de andere gevallen zijn er claims van paranormale kennis, terwijl daar uiteindelijk toch geen sprake van blijkt. In het geval Lucía Altares lijkt er wel degelijk echt sprake van kennis die zij niet langs normale wegen kan hebben verkregen.
- In de gevallen van Hélène Smith en Maya P. is geen sprake van bijzondere, paranormale vaardigheden, terwijl Lucía dus zowel Spaanse dansen lijkt te hebben opgevoerd als naar verluidt vloeiend Spaans kon spreken (responsieve xenoglossie met een moeilijke term). Terwijl ze dit geen van tweeën in haar huidige lichaam lijkt te hebben geleerd.
De overeenkomsten zijn anderzijds wel dat er in alle drie de gevallen hoogstwaarschijnlijk ook sprake is geweest van projecties uit het onbewuste van het 'medium' in de vorm van secundaire persoonlijkheden.

Hoe kan men de overeenkomsten en mogelijke verschillen tussen de genoemde drie gevallen nu waarschijnlijk het beste verklaren?
We worden op dit punt onwillekeurig herinnerd aan de aloude debatten die men sinds jaar en dag voert rond het vraagstuk van het spiritisme. Eigenlijk zijn voorstanders (spiritisten) en tegenstanders (animisten) daarvan het over één ding roerend eens. Onbewuste projecties en dramatiseringen van de kant van het medium komen hoe dan ook voor tijdens spiritistische séances en ze kunnen soms ook lang aanhouden. De tegenstanders gaan er echter vanuit dat dit altijd het geval is bij spiritistische sessies, ook al geven velen van hen toe dat er bij zulke zittingen echt paranormale verschijnselen kunnen optreden.
Ze schrijven die echter ook allemaal toe aan het onbewuste van het medium zelf. De mogelijke paranormale gegevens in het geval Lucía Altares zouden ze dus niet zien als herinneringen van een ziel die het lichaam van een andere ziel heeft overgenomen. Iris Farczády zou die gegevens onbewust hebben verzameld via helderziendheid en hebben geïntegreerd in een verzonnen personage dat ze 'Lucía Altares' doopte. Lucía zou daarmee dus alleen van fantasiepersonages als Xerxes en Leonidas verschillen, in de mate waarin ze is aangebleven als dissociatieve persoonlijkheid en in het mogelijke paranormale gehalte van sommige van haar uitspraken.
Voorstanders van spiritistische hypothesen zouden echter stellen dat Iris inderdaad waarschijnlijk veel animistische verschijnselen heeft vertoond en dat misschien ook een deel van de mogelijk paranormale uitspraken

van Lucía het resultaat zijn van onbewuste helderziendheid van de kant van Iris. Maar dat Lucía toch in ieder geval ook mogelijke paranormale vaardigheden heeft vertoond die voor zover we weten niet te verwerven zijn door middel van helderziendheid alleen, omdat bij vaardigheden ook altijd oefening komt kijken. Deze mogelijke paranormale vaardigheden, de (flamenco-)dansen en natuurlijk op de eerste plaats de Spaanse taalvaardigheid, duiden er als ze authentiek zijn op dat Iris met al haar geëxperimenteer op het gebied van het spiritisme toch tenminste één keer echt bezoek heeft gekregen van een ziel van een overledene. En dat dit bezoek nooit meer vertrokken is.

Ik ben het op dit punt vooralsnog met de spiritisten eens, omdat ik net als zij van mening ben dat vaardigheden niet te verwerven zijn door waarneming alleen. En dus ook niet door ESP alleen, hoewel dat slechts van belang is in dit geval als de vaardigheden authentiek zijn.

Impasse
We bevinden ons op dit moment feitelijk in een impasse. Het is namelijk niet meer vast te stellen welke mogelijke paranormale vaardigheden en kennis Lucía precies vertoonde in de jaren '30. Het ligt er daarom aan hoe aannemelijk we het vinden dat haar geval in de categorie 'dissociatie' of juist in de categorie 'postnatale reïncarnatie' thuishoort. Het grootste probleem voor de postnatale reïncarnatiehypothese is daarbij niet dat Iris reeds tevoren experimenteerde met spiritistisch mediumschap, maar dat de persoon Lucía Altares vooralsnog niet traceerbaar is. Het lijkt er daarom op dat ze misschien niet eens bestaan heeft. Deze hypothese is in mei 2002 nog aannemelijker geworden door een brief van het zogeheten Registro Cívico van Madrid. Daaruit blijkt dat noch mevrouw Altares noch haar man bekend zijn in de archieven van de Burgerlijke Stand.

Laten we hopen dat westerse parapsychologen lering trekken uit deze casus in die zin dat ze meer moeite doen om gegevens te verifiëren zodra ze een vergelijkbaar fenomeen tegenkomen. Het geval is overigens ook een schrijnend voorbeeld van hoe overmoedige skeptici gedegen onderzoek kunnen obstrueren.

Hoofdstuk 6. Tweelingen en reïncarnatie

Het reductionistische materialisme lijkt zekerder dan ooit van zijn overwinning. Alternatieve gezichtspunten waarbij uitgegaan wordt van het bestaan van een geest die de beperkingen van het brein overstijgt, worden bijna geheel genegeerd door hardcore materialisten. Dit is extra absurd omdat genoemde vorm van materialisme niet alleen puur analytisch niet deugt (er is namelijk niet zoiets als materiële 'waarheid', en dus kan het materialisme niet waar zijn), maar er bovendien meer dan ooit bewijzen zijn die strijdig zijn met het materialisme. In feite is er dan ook sprake van een bijna meelijwekkende doodsstrijd van het materialisme, onder aanvoering van de zogeheten 'skeptici'. De zo langzamerhand verbijsterend hardnekkige aanhangers van deze stroming gaan ervan uit dat er twee soorten keiharde en onweerlegbare bewijzen bestaan die het materialisme voorgoed zouden grondvesten als enig zaligmakende leer:

(1) Neuropsychologische gegevens die zouden aantonen dat de geest helemaal afhankelijk is van de hersenen. Dit zou zowel gelden voor de 'normale' psychologische ontwikkeling van de geest als voor de afwijkingen daarvan. Dat tegenstanders van het materialisme, de hedendaagse dualisten (Rivas, 2003c) voorop, er in geslaagd zijn de neuropsychologische gegevens in te passen in een niet-materialistische theorie, wordt daarbij volledig genegeerd.

(2) De gedragsgenetica zou aantonen dat een groot deel van ons gedrag niet aangeleerd is maar aangeboren. Daarbij hebben we het dan niet over algemene kenmerken van de mens en andere diersoorten, zoals het gebruik van taal, of het gebruik van werktuigen. Maar juist over heel specifieke individuele eigenschappen, zoals karaktertrekken, neigingen en intelligentie.
De materialistische gedragsgenetici gaan er vanuit dat onze persoonlijkheid voor een groot deel voortkomt uit onze genen.
Het andere deel zou niet opeens wèl geestelijk zijn, maar gewoon neerkomen op in ultieme zin fysieke invloeden van de omgeving. Die invloeden zouden op basis van de aangeboren aanleg zorgen voor de vorming van de specifieke persoonlijkheid die we ieder afzonderlijk

vertonen. De vorming van de hersenen zou op zichzelf dus altijd bepaald worden door genen, stukjes fysieke 'codes' voor het aanmaken van eiwitten, die we overgeërfd hebben van voorgaande generaties. Het gaat er hier niet om dat deze visie mechanistisch of deterministisch is, maar dat ze materialistisch is. Dat wil zeggen dat als de visie klopt, wij mensen en andere diersoorten ook in psychologische zin primair biologische wezens zouden zijn. En er dus weinig tot niets meer te zeggen zou zijn voor een geestelijke component die niet reduceerbaar is tot de hersenen. De invloeden die er naast de genen voor zorgen wie en wat we zijn, zijn volgens het materialisme nooit geestelijk.

Het paradepaardje van de materialistische genetici zijn de eeneiige tweelingen. Dit zijn biologisch gezien mensen die ontstaan zijn uit dezelfde bevruchte eicel en daardoor al hun genen met elkaar delen. Binnen de materialistische theorie zou je verwachten dat deze mensen ook psychologisch gezien extra veel kenmerken en neigingen met elkaar delen. Volgens gedragsgenetici is dit inderdaad het geval: van elkaar sinds de geboorte gescheiden eeneiige tweelingen zouden inderdaad veel meer psychologische eigenschappen met elkaar delen dan andere broers of zussen, waaronder twee-eiige tweelingen. Men beweert wat dat betreft echt spectaculaire overeenkomsten te hebben gevonden, variërend van IQ tot criminele neigingen, van specifieke seksuele voorkeur voor een bepaald fysiek type partner tot een neiging tot bepaalde hobby's, etc.

Vanzelfsprekend wordt hierbij geen rekening gehouden met de parapsychologische gegevens rond telepathie tussen tweelingen. Die telepathie zou veel van de overeenkomsten tussen gescheiden tweelingen kunnen verklaren. Er zou sprake kunnen zijn van onderlinge onbewuste identificatie met elkaar via telepathie. Het is niet verwonderlijk dat telepathie geen rol speelt in de gangbare materialistische theorievorming, maar het is allesbehalve redelijk dat dit niet gebeurt.

Het materialisme is op los zand gebouwd. Het deugt puur logisch al niet, en de zogenaamde bewijzen voor het materialisme lijken werkelijk nergens op. Ook het paradepaardje kan maar beter snel met pensioen gestuurd worden. De bekende reïncarnatieonderzoeker dr. Ian Stevenson verzamelde enkele gevallen van tweelingen die zich vorige levens konden herinneren die volkomen in strijd zijn met de materialistische interpretatie van de gedragsgenetica.

Tweelinggevallen

Alvorens de lezer te vergasten op authentieke casussen, wil ik nog wijzen op het bestaan van vreemde gevallen waarin mensen te maken denken te hebben met een soort tweelingzielen die hen als geest begeleiden. In één geval was de ziel in kwestie volgens de respondent de tweelingbroer geweest in diens vorig leven. De man leverde verifieerbare informatie aan, die echter helemaal onjuist bleek. Bovendien was er veel te zeggen voor een zuiver psychologische interpretatie van dit geval. Zoals meestal aan de orde is binnen de parapsychologie, komen er dus ook rond tweelingen en reïncarnatie zeer waarschijnlijk fantasiegevallen voor.

Ian Stevenson heeft meermalen gevallen gepubliceerd van herinneringen aan vorige levens onder tweelingen. Hij behandelt dergelijke gevallen in het deel *Ten Cases in India* van de serie *Cases of the Reincarnation Type*, in zijn *Children who remember previous lives: A question of reincarnation* en vooral ook in *Reincarnation and Biology*.

Het geval van Ramoo en Rajoo Sharma (Stevenson, 1975)

Ramoo en Rajoo Sharma zijn een Indiase eeneiige tweeling die zich een vorig leven herinnerde als een andere tweeling uit een ander dorp. Ze werden in 1964 geboren in het dorp Sham Nagara, in Uttar Pradesh, als de zoons van een Ayurvedische arts. Toen ze ongeveer drie jaar oud waren, renden ze in de richting van een snelweg om 'naar huis' te gaan. Later beweerden ze een vreemdeling te herkennen die op doortocht was in hun dorp. Ze begonnen vanaf dat moment ieder afzonderlijk te praten over hun vorige leven en zeiden dat ze respectievelijk Bhimsen en Bhism Pitamah hadden gcheten en afkomstig waren uit een ander dorp, Uncha Larpur. Ze vertelden dat ze verwikkeld raakten in een ruzie met ene Jagannath die hen naar zijn huis had gelokt. Jagannath had hen daar door een groot aantal mannen laten wurgen nadat deze hen hadden verwond met een soort lange, tamelijk zware stokken lathi's genaamd. Ze gaven ook nog details over andere gebeurtenissen en bezittingen uit hun vorige leven. Wat later werden ze geconfronteerd met andere mensen uit hun vroegere incarnatie en ze herkenden de meeste van hen. Hun ouders deden echter geen moeite om hun uitspraken te verifiëren, onder meer omdat het om een vorig leven ging dat beëindigd was door moord.

Ian Stevenson stelde vast dat de families elkaar hoogstwaarschijnlijk niet hadden gekend voordat het geval zich ontwikkelde, maar dat de moeder van Ramoo en Rajoo slechts gehoord had van de moord op Bhimsen en Bhism. Van sommige correcte uitspraken over het vorige leven is het daarmee aannemelijk dat ze niet langs normale weg verklaard kunnen worden. Bijvoorbeeld uitspraken over namen van een broer, een leraar en zoons, over de herkomst van hun vrouwen, en over verschillende bezittingen.

De tweeling vertoonde overigens niet alleen concrete herinneringen aan hun vorige leven, maar bovendien moedervlekken die mogelijk overeenkomen met de specifieke verwondingen die ze aan het eind van dat leven hadden opgelopen. Bij beiden gingen het om strepen van slechts 2 millimeter breed die extra gepigmenteerd waren. Ramoo vertoonde vijf van zulke moedervlekken, de laagste boven zijn navel, de bovenste op zijn borst. Rajoo had er slechts twee, de onderste net boven zijn navel en de bovenste ongeveer 6 centimeter erboven. De moedervlekken op de buik die bij beiden voorkwamen liepen recht over de hele onderbuik, maar de drie op Ramoo's borst doorkruisten slechts een deel daarvan. Volgens de moeder en een oom van de jongens waren deze moedervlekken al bij hun geboorte aanwezig en toen leek het net alsof iemand hun snijwonden had toegebracht. Stevenson brengt de moedervlekken in verband met verwondingen door lathi's of door touwen waarmee de tweeling was vastgebonden door hun moordenaars. Ramoo en Rajoo vertoonden naast herinneringen en moedervlekken tot slot ook gedragskenmerken die overeenkwamen met die van Bhimsen en Bhism, zoals hun temperament, en een bijzonder grote gehechtheid aan elkaar.

Het geval van Gillian en Jennifer Pollock (Stevenson, 1987)
Ian Stevenson nam in zijn beschrijving van 'twaalf typische gevallen' in het boek *Children who remember previous lives* merkwaardig genoeg een unieke casus op, de casus van de zogeheten Pollock Twins. Gillian en Jennifer Pollock zijn een eeneiige tweeling die op 4 oktober 1958 geboren werd te Hexham, Northumberland, in Engeland.

Toen ze tussen de twee en vier jaar oud waren, deden zij een aantal uitspraken die erop wezen dat ze zich de levens konden herinneren van hun overleden zussen, Joanna en Jacqueline. Deze waren op 5 mei 1957 gedood doordat een auto op hen inreed. Joanna en Jacqueline waren geen tweelingzussen, maar zij waren respectievelijk 11 en 6 jaar oud toen ze overleden. Hun ouders werden ziek van verdriet.

Mr. Pollock geloofde echter sterk in reïncarnatie en ging ervan uit dat Joanna en Jacqueline wedergeboren zouden worden in het gezin en wel als tweeling. Hoewel deze veronderstelling inging tegen medische indicaties, bleek zijn vrouw inderdaad te bevallen van een tweeling! Bij de geboorte bleek Jennifer twee moedervlekken te hebben die qua locatie en grootte overeenkwamen met twee plekjes op het lichaam van Jacqueline. Een moedervlek op Jennifer's voorhoofd kwam overeen met een litteken op het voorhoofd van Jacqueline dat ontstaan was nadat ze gevallen was en zichzelf op die plek had bezeerd. De andere moedervlek correspondeerde met een moedervlek bij Jennifer. De tweeling deed niet alleen uitspraken over het vorige leven, maar herkende ook voorwerpen, zoals speelgoed, die van hun verongelukte zussen waren geweest. Ook wisten ze volgens hun ouders op een paranormale manier waar een school en schommels in een park zich bevonden. Qua gedrag leken ze volgens Stevenson eveneens op de verongelukte zusjes.

Opmerkelijk was in dit verband een incident toen de tweeling ongeveer vier en een half jaar oud was en voor het eerst leerde schrijven. Gillian pakte daarbij het potlood dat ze gebruikte meteen goed beet, terwijl Jennifer het potlood met haar vuist vastgreep, iets wat overeenkwam met het feit dat Joanna al goed had kunnen schrijven en Jacqueline nog niet.

De onderzoeker geeft overigens toe dat dit geval minder sterk is dan andere gevallen vanwege de verwachting van de vader dat zijn eigen dochters wedergeboren zouden worden als tweeling. Aan de andere kant is het natuurlijk wel merkwaardig dat zijn verwachting dat zijn vrouw een tweeling zou krijgen niet overeenkwam met de verwachting van artsen en wel correct bleek.

Stevenson vermeldt in zijn *Children who remember previous lives* nog dat hij op dat moment (1987) 36 tweelinggevallen heeft verzameld. In deze gevallen kon één van de tweelingen of allebei zich een vorig leven herinneren. Bij ongeveer tweederde kon één tweeling zich meer van het vorige leven herinneren dan de andere. In bepaalde gevallen kon één van de tweelingen zich helemaal niets herinneren. Soms zei degene die wel herinneringen had dat de ander bij hem of haar was geweest in het vorige leven, ook al kon deze zich dat zelf niet meer herinneren.

In 26 gevallen kon men vaststellen wie beide tweelingen geweest zouden moeten zijn in hun vorige leven. Bij 19 daarvan hadden ze een familieband gehad (waaronder in sommige gevallen een huwelijksband) en in de 7 overige gevallen waren ze vrienden of bekenden geweest. In geen enkel van de geverifieerde gevallen waren zij volkomen vreemden voor elkaar geweest. Zo waren Ma Khin Ma Gyi en Ma Khin Ma Nge uit Birma getrouwd geweest in hun vorige leven, ook al waren ze nu allebei meisjes. Ma Khin Ma Gyi vertoonde als kind de neiging om zich als een jongen te kleden en vertoonde karaktertrekken die overeenkwamen met die van de man van het echtpaar. De meisjes Sivanthie en Sheromie Hettiaratchi herinnerden zich een leven als twee jongemannen die close bevriende homo's waren. Wat betreft 'dominantie'-verhoudingen tussen de tweelingen[1] stelde Stevenson vast dat die overeenkwamen met de verhoudingen uit het vorige leven.

Ian Stevenson besteedt geen van zijn boeken zoveel aandacht aan het vraagstuk van reïncarnatiegevallen onder tweelingen als in zijn *Reincarnation and Biology* uit 1997. Het hele hoofdstuk 25, overeenkomend met deel VII van dit lijvige boek gaat hierover en het beslaat meer dan 130 pagina's. Ook in de 'samenvatting' *Where reincarnation and Biology Intersect*[2] komt het thema voor. Inmiddels blijken Stevenson en zijn collega's zelf in totaal 40 tweelinggevallen te hebben bestudeerd. Zijn conclusies uit *Children who remember previous lives* worden herhaald en aangevuld met de constatering dat eeneiige tweelingen verschillen in uiterlijk en gedrag kunnen vertonen die niet genetisch verklaard kunnen worden, maar wel samenhangen met hun vorige levens. Stevenson biedt vervolgens een grondige analyse van zijn eigen 40 gevallen plus nog twee andere gevallen.
Zo komen we onder meer te weten dat in het reeds genoemde geval van Sivanthie en Sheromie Hettiaratchi deze meisjes voornamelijk met elkaar over het vorige leven spraken, iets wat overeenkomt met de gebruikelijke intimiteit tussen tweelingen.

De casus van Indika en Kakshappa Ishwara (Stevenson, 1997)
Indika en Kakshappa Ishwara werden geboren als eeneiige tweeling op 24 oktober 1972 in Weligama, Sri Lanka. Toen ze ongeveer drie jaar oud

---

[1] Dat wil zeggen wie het meest de ander overheerst binnen een relatie.
[2] Door dr. Ruud van Wees vertaald voor Ankh-Hermes als *Bewijzen van Reïncarnatie*.

waren, spraken ze voor het eerst over een vorig leven. Kakshappa vertelde dat hij was doodgeschoten door de politie en wekte de indruk een rebel te zijn geweest. Helaas slaagde Stevenson er niet in te achterhalen wie hij geweest kon zijn. Indika's uitspraken waren echter specifieker. Hij noemde namen en plaatsnamen. Hij zei dat hij in Balapitiya woonde en naar school ging in de stad Ambalangoda. Indika beschreef zijn leven als dat van een schooljongen. Aldus slaagde men er een schooljongen genaamd Dharshana te traceren, die was gestorven op 24 januari 1968 en wiens leven bijna geheel overeenkwam met Indika's uitspraken. Het geval werd overigens niet alleen door Stevenson onderzocht maar ook door zijn inheemse collega Godwin Samararatne. Deze legde veel van de uitspraken vast voordat Indika voor het eerst naar Balapitiya zou gaan en daar mensen en plaatsen zou herkennen. Aldus kon Samararatne bijna al deze uitspraken zelfstandig verifiëren. In een later stadium was ook de IJslandse parapsycholoog Erlendur Haraldsson bij het geval betrokken.

Ian Stevenson stelde vast dat er geen banden bestonden tussen de families voordat het geval van Indika zich ontwikkelde, zodat het zeer aannemelijk is dat er geen normale verklaring is voor zijn herinneringen. Volgens hem is het zelfs één van de sterkste gevallen van herinneringen aan vorige levens die er tot nu toe wetenschappelijk zijn bestudeerd.

Er bestonden aanzienlijke gedragsverschillen tussen de tweelingen. Zo was Indika godsdienstig, wat overeenkwam met de instelling van Dharshana, en was Kakshappa niet geïnteresseerd in godsdienst. Indika was vriendelijk en rustig, terwijl Kakshappa hard was en geneigd tot vijandigheid en gewelddadigheid. Indika was bovendien duidelijk intelligenter en meer geïnteresseerd in school. Tot slot bestond er nog een fysiek verschil in de vorm van een afwijking aan een neusgat (een poliep) bij Indika. Dit leek samen te hangen met een periode dat Dharshana in het ziekenhuis lag en daarbij kunstmatig beademd en gevoed werd door een slangetje in zijn neus.

In de beschouwing bij dit hele hoofdstuk stelt Ian Stevenson dat er vaak genoeg opmerkelijke verschillen worden vastgesteld tussen eeneiige tweelingen die niet verklaarbaar zijn door factoren in het huidige leven. Het is daarmee aannemelijk dat die ook in gevallen waarin de tweelingen zich geen vorig leven herinneren te maken kunnen hebben met een voorafgaande incarnatie. Hij zegt daarover: "Ik stel niet dat

73

reïncarnatie een verklaring zou vormen van alle verschillen en overeenkomsten tussen tweelingen; maar ik denk wel dat het een goede bijdrage kan leveren aan beide verschijnselen." (blz. 2062).

Voorts merkt hij op dat het opvallend is dat er in veruit de meeste tweelinggevallen van reïncarnatie sprake was van een band tijdens het vorige leven. Dit doet veronderstellen dat de betrokkenen voor hun incarnatie een wens hadden om met elkaar herenigd te worden in een volgend leven en dat deze wens een rol speelde in het proces van de celdeling.

Over levens heen

We mogen tweelinggevallen binnen het reïncarnatieonderzoek eigenlijk wel opvatten als een knipoog 'van boven'. Zelfs op het gebied waarvan materialisten denken dat ze het sterkst staan, bestaan er bewijzen, dat er niets deugt van de materialistische opvattingen. We moeten het gangbare reductionistische materialisme als empirisch kader misschien juist bij uitstek door deze tweelinggevallen echt geen enkele kans meer geven[3].

Maar ook los daarvan hebben tweelinggevallen heel interessante implicaties. Zoals ik onder meer in mijn vorige boek over reïncarnatieonderzoek heb betoogd, is het één en dezelfde persoonlijke ziel die het vorig leven leidde en die nu de huidige incarnatie beleeft. Indika was vroeger Dharshana en Dharshana heeft de dood als persoonlijke ziel overleefd, hij heeft zijn lichaam en naam achterlaten en is vervolgens gereïncarneerd in een nieuw lichaam en onder de nieuwe naam Indika. We kunnen dit zien als een onderdeel van een grotere ontwikkelingsgang over meer dan één fysiek leven heen, die Dr. Stevenson terecht als personal evolution betitelt. Tweelinggevallen laten zien dat de persoonlijke evolutie ook gedeeld kan worden gedurende meer dan één leven. In de meeste gevallen gaat het namelijk om personen die elkaar uit het vorige leven kennen. Dit heeft opwindende implicaties voor andere tweelingen die zich geen vorig leven herinneren: ook zij kunnen een bijzondere persoonlijke band hebben die al in een vorig leven is ontstaan.

Daarnaast heeft het ook consequenties voor de manier waarop we aankijken tegen reïncarnatiegevallen die binnen één en dezelfde familie optreden. Vanuit een skeptisch perspectief zijn die volledig waardeloos omdat alle uitspraken meestal al bekend waren binnen de familiekring

---

[3]   Als ontologie hoort het direct al, apriori, gediskwalificeerd te worden, zie: Rivas, 2003c.

en er dus weinig tot geen paranormale uitspraken zouden zijn.
Stevenson merkt terecht op dat same-family gevallen qua structuur niet essentieel verschillen van paranormale gevallen die zich buiten dezelfde familie en vriendenkring voordoen. Ook ikzelf wijs in mijn vorige boek over reïncarnatie op persoonlijke geestelijke banden die sterker zijn dan de dood. De Amerikaanse schrijfster Carol Bowman is onlangs met een boek op de markt gekomen dat dit thema verder uitdiept, *Return from Heaven* (in het Nederlands vertaald als *Kinderen uit de Hemel*, door uitgeverij A.W. Bruna). Juist tweelinggevallen laten zien dat persoonlijke banden van liefde en positieve hechting over levens heen veel meer zijn dan een bakerpraatje uit de New Age-koker.

Hoofdstuk 7. Interpretatie van Bijna-doodervaringen

Bijna-doodervaringen (BDEs) hebben onlangs meer wetenschappelijk aanzien gekregen door de publicatie van een artikel in het medische tijdschrift *The Lancet* door dr. Pim van Lommel van het Rijnstate Ziekenhuis te Arnhem en zijn collega's. Hun studie bij hartpatiënten die met succes waren gereanimeerd na een hartstilstand, lijkt op vergelijkbaar onderzoek van dr. Sam Parnia van de Universiteit van Southampton en zijn medewerkers.

Zowel Van Lommel en Parnia trekken de conclusie dat er echt BDEs voorkomen en dat ze niet simpelweg door fysiologische of psychologische oorzaken verklaard kunnen worden. Bovendien hebben ze allebei de conclusie getrokken dat het bewustzijn niet vernietigd wordt als de corticale hersenactiviteit ophoudt, maar dat het blijft bestaan bij een vlak EEG en daardoor waarschijnlijk ook na de dood. Bewustzijn blijkt uiteindelijk niet af te hangen van meetbare hersenactiviteit in de (neo)cortex om te kunnen bestaan, zodat het regelrecht onredelijk wordt om er zomaar vanuit te gaan dat het bewustzijn wordt vernietigd als de hersenen ophouden te bestaan als fysiek systeem.

Niet-reductionistische materialisten, die het bestaan van bewustzijn tenminste erkennen, zien bewustzijn meestal als een bijverschijnsel van hersenprocessen of anders in elk geval als iets dat daar onverbrekelijk mee verbonden zou zijn. Als we ons bezighouden met een overleven van bewustzijn na de dood, is het daarom voldoende om aan te tonen dat de bewuste geest niet in ultieme zin afhankelijk is van hersenprocessen. De theorie dat het bewustzijn wel geheel en al afhankelijk is van het functioneren van het brein (of specifieker van de neocortex) wordt weerlegd door het overleven van het bewustzijn na het uitvallen van de (neo)corticale hersenactiviteit, los van de vraag of die hersenactiviteit slechts tijdelijk of voorgoed ophoudt.

Bijna-doodervaringen en materialisme

Als men kan aantonen dat er ondanks het wegvallen van corticale hersenactiviteit nog steeds bewustzijn is, terwijl materialistische theorieën stellen dat dit type hersenactiviteit nodig is voor het bestaan van menselijk bewustzijn, mogen we gerust zeggen dat die materialistische theorieën de plank misslaan.

Er zijn op het eerste gezicht verschillende antwoorden mogelijk op de uitdaging die Bijna-doodervaringen voor het materialisme en epifenomenalisme (de leer dat bewustzijn slechts een bijverschijnsel van de hersenen is) vormen:

Methodologische scepsis
Dit is de gebruikelijke reactie van skeptici als ze geconfronteerd worden met resultaten die tegen hun wereldbeeld ingaan. Maar aangezien er weinig aan te merken lijkt op de wetenschappelijke reputatie van de onderzoekers die de recente studies hebben uitgevoerd, en aangezien hun werk publicabel wordt gevonden door prestigieuze wetenschappelijke tijdschriften zoals The Lancet, mogen we er gerust van uitgaan dat dit standaard skeptische bezwaar in dit geval nergens op gebaseerd is.
Onderzoek naar Bijna-doodervaringen kan echt niet langer zomaar verworpen worden als pseudo-wetenschappelijk.

Denkfouten bij de specifieke interpretatie van de resultaten
Sommige critici, zoals C.C. French, denken dat de bevindingen van deze studies niet geïnterpreteerd moeten worden als aanwijzingen voor een overleven na de dood. Weliswaar lijken sommige patiënten volledig bewust te zijn tijdens een vlak EEG, maar dat zijn ze in werkelijkheid helemaal niet, zo luidt hun eigen overtuiging. De herinneringen aan de BDE die de patiënt gehad zouden hebben, zijn volgens de critici dus geen echte herinneringen. Dit kun je dan nog nader uitwerken op de volgende twee manieren:

- Patiënten die beweren dat ze een BDE hebben gehad, lijden gewoon aan een vorm van zelfbedrog. Ze hebben nooit zelfs maar iets meegemaakt wat in de buurt komt van een BDE, maar denken dat alleen maar. Op een onbewust niveau, hebben ze een fantasie geconstrueerd, compleet met beelden en gevoelens, en ze projecteren die fantasie in hun geheugen alsof het zou gaan om een echte ervaring van de (denkbeeldige) gebeurtenis terwijl die plaatsvond.

- Mensen die een BDE melden, hebben inderdaad echt iets meegemaakt voordat ze weer bijkwamen uit hun coma, maar niet tijdens hun vlakke

EEG. Het gebeurde seconden of minuten voor ze het bewustzijn verloren of tijdens de laatste momenten voordat ze helemaal ontwaakten. En het tijdstip waarop de ervaring plaatsvond werd vertekend weergegeven in hun bewustzijn alsof die ervaring zich echt voordeed tijdens het vlakke EEG.

De BDE-onderzoekers benadrukken daarentegen dat er meldingen zijn van patiënten die juiste indrukken kregen van gebeurtenissen die plaatsvonden binnen maar ook buiten de kamer waarin hun fysieke lichamen zich bevonden en gedurende het stadium waarin hun brein een vlak EEG vertoonde.

Daarom moet elke theorie die stelt dat deze mensen zichzelf domweg bedriegen deze ervaringen toch eerst maar eens verklaren. Het komt skeptici erg goed uit dat dergelijke ervaringen, die duidelijk verwant lijken aan helderziendheid oftewel Extra-Sensory Perception (ESP) zoals bestudeerd door parapsychologen, nog steeds behoorlijk controversieel zijn voor veel wetenschappers, zodat ze natuurlijk in de verleiding komen om de ervaringen gewoon niet serieus te nemen. Maar het bewijsmateriaal voor zulke 'paranormale' ervaringen (of herinneringen aan ervaringen beter gezegd) neemt toe en de kwaliteit ervan eveneens. Dus tenzij we koste wat koste sceptisch willen blijven, lijkt het op zijn minst zaak om ze erg te serieus te nemen.

Wat zijn nu de implicaties van echte paranormale ervaringen die betrekking hebben op gebeurtenissen die plaatsvonden terwijl de patiënt een vlak EEG vertoonde?

In de parapsychologie kennen we twee soorten ESP die iets te maken hebben met de factor tijd. Er is enerzijds precognitie die in dit verband zou neerkomen op een ervaring van een gebeurtenis die plaatsvond tijdens het stadium van een vlak EEG, voordat die gebeurtenis zich voordeed[4]. In dat geval zou er overigens geen sprake van zijn dat een patiënt een gebeurtenis eerst precognitief waarneemt, die hij later alsnog op het moment zelf waar zal nemen. Want de precognitie-theorie stelt nu juist dat er tijdens de vlakke EEG zelf geen sprake is van bewustzijn. Bovendien zouden de precognitieve ervaringen zich moeten voordoen voordat de patiënt het bewustzijn verliest of tenminste voordat hij een vlak EEG vertoont, terwijl hij tegelijkertijd elke herinnering aan een dergelijk precognitief visioen zou moeten verliezen nadat hij ontwaakt is. Daarom kan ik deze zeer vergezochte mogelijkheid zelf niet serieus

---

[4] Dit fenomeen kent men in de parapsychologie wel van het zogeheten Dunne-effect.

nemen.

De andere vorm van ESP die met de factor tijd te maken heeft staat bekend als retrocognitie, dat wil zeggen een proces waarbij men door middel van ESP kennis krijgt van gebeurtenissen uit het verleden. De retrocognitieve variant van de hypothese dat er sprake is van slechts schijnbare herinneringen aan juiste waarnemingen van gebeurtenissen tijdens het stadium van een vlak EEG ziet er als volgt uit. Patiënten met een BDE gebruiken onbewust ESP om kennis van gebeurtenissen te verkrijgen die plaatsvonden tijdens hun coma, en ze projecteren die kennis in hun vervalste herinneringen tijdens de laatste ogenblikken voordat ze weer bij komen. De theorie maakt het nodig om te veronderstellen dat dergelijke patiënten op de een of andere manier gemotiveerd zijn om een fantasie te creëren en door middel van retrocognitie vervalste herinneringen aan echte gebeurtenissen in die fantasie op te nemen.

Dat wil zeggen dat sommige patiënten tussen het moment waarop ze een vlak EEG vertonen en het moment waarop ze bijkomen onbewust gemotiveerd zijn om retrocognitie te gebruiken om zichzelf te bedriegen over hun bewusteloosheid tijdens hun vlakke EEG.

Retrocognitie is een erg vreemde hypothese voor BDEs, omdat ze veronderstelt dat een patiënt geen ESP zou gebruiken om gebeurtenissen waar te nemen die plaatsvinden tussen het stadium van vlakke EEG en volledig ontwaken, maar zich in plaats daarvan richt op gebeurtenissen die al plaatsgevonden hebben. Het kan hoe dan ook geen verklaring bieden voor gevallen van BDEs waarin patiënten zowel gebeurtenissen (paranormaal) waarnemen die plaatsvonden tijdens het vlakke EEG als ook gebeurtenissen die plaatsvonden tijdens het bijkomen zelf. Terwijl die waarnemingen dus door de patiënt ervaren worden als onderdeel van een coherente en continue stroom van bewustzijn.

Nog erger voor deze theorie is het feit dat ze haar toevlucht moet nemen tot een erg onmaterialistisch concept - retrocognitie - om een materialistische theorie te redden. Zelfs als de theorie waar was, zou ze nooit verdedigd kunnen worden door een materialist.

De theorie van de retrocognitieve vervalsing van herinneringen moet onderdeel uitmaken van een bredere, radicale dualistische theorie over de verhouding tussen geest en brein. Het zou op het eerste gezicht verdedigd kunnen worden door de zogeheten animisten binnen de parapsychologie[5], die mogelijke aanwijzingen voor een overleven na de dood weg trachten te verklaren door middel van ESP (of psychokinese) . Ironisch genoeg geeft zelfs een bekende animist als Hans Bender toe dat de ESP die nodig is om de juiste waarnemingen van gebeurtenissen tijdens BDEs te verklaren op zichzelf wijst op een overleven na de dood.

Materialistische theorieën over de verhouding tussen hersenen en geest schieten in elk geval tekort, zoveel is direct duidelijk. Nu moeten we ons afvragen welke dualistische theorie, d.w.z. een theorie die erkent dat hersenen en geest niet hetzelfde zijn, het meest aannemelijk is. Een theorie die uitgaat van vervalste herinneringen of een theorie die stelt dat mensen die een BDE meemaken werkelijk juiste waarnemingen kunnen doen van de buitenwereld terwijl hun EEG vlak is.

We kunnen niet langer volhouden dat de theorie die stelt dat het echt om ervaringen tijdens een vlak EEG gaat onaannemelijker is, enkel en alleen omdat ze impliceert dat het bewustzijn de dood zou overleven. Zelfs een animist van formaat als Hans Bender geeft immers toe dat een bepaalde vorm van overleven na de dood hoe dan ook een logisch gevolg is van een radicale dualistische theorie.

Daarom concludeer ik zelf dat de theorie dat het om vervalste herinneringen gaat gecompliceerder is dan nodig is. Om de conclusie te vermijden dat het bewustzijn de dood overleeft moet ze een onbekend mechanisme veronderstellen dat alleen aannemelijk is binnen een theorie die uiteindelijk tenminste een bepaalde vorm van overleven na de dood van de geest impliceert[6]. De theorie is echt gecompliceerder dan een theorie die recht toe rechtaan uitgaat van overleven na de dood. Ze impliceert zowel een overleven na de dood als een vreemde, onbekende vorm van retrospectieve vervalsing van herinneringen door middel van retrocognitie. Om die reden zouden we volgens mij alleen onze toevlucht moeten nemen tot deze ingewikkelde theorie nadat men empirisch zou hebben aangetoond dat herinneringen tijdens BDEs in het algemeen vervalst moeten zijn.

---

[5] De animistische hypothese heet tegenwoordig ook wel Super-ESP of Super-PSI theorie, zie bijvoorbeeld: Braude (2002).

[6] Animisme oftewel de Super-ESP (of Super-PSI) theorie is daarmee m.i. a priori geen geschikte benadering van bewijsmateriaal voor leven na de dood, tenzij het bij een onderzoek niet alleen om het overleven zelf gaat, maar ook nog om andere vraagstukken zoals communicatie met overledenen.

Aanpassing van de gangbare materialistische neuropsychologische theorie

Het laatste materialistische antwoord (dat onder meer is verdedigd door Karl Jansen, een psychiater die kunstmatig ervaringen probeert op te wekken die lijken op BDEs) is dat het inderdaad om echte herinneringen gaat, maar dat er een nog onmeetbaar, zeer laag niveau van hersenactiviteit (bij voorkeur in de cortex natuurlijk) bestaat waardoor men de ervaringen alsnog weg kan verklaren. Natuurlijk negeren aanhangers van deze theorie juiste herinneringen aan gebeurtenissen in of buiten de kamer van de patiënt doorgaans. Als dat niet zo is, worden deze herinneringen opgevat als onderdeel van de door hen veronderstelde, tegenwoordig nog niet waarneembare hersenactiviteit. Het grote probleem voor deze theorie is dat er per definitie geen aanwijzingen voor zijn, omdat het om onregistreerbare hersenactiviteit zou gaan. Aanhangers schijnen het voldoende te vinden om te wijzen op onbruikbare analogieën in de vorm van bepaalde soorten EEG die tijdens de slaap kunnen voorkomen, maar tot dusverre hebben ze geen aanvaardbare parallellen laten zien die echt in de buurt komen van een vlak EEG. Zoals Pim van Lommel opmerkt, moeten we als we BDEs accepteren als reële ervaringen, ook aanvaarden dat patiënten daarbij een normaal, volwaardig en zelfs verhoogd bewustzijn vertonen. Indien critici dit weg willen verklaren door nog onbekende neuronale processen, moeten ze parallellen kunnen laten zien waarbij er sprake is van normale of verhoogde bewuste geestelijke activiteit. En waarbij dat bewustzijn tegelijkertijd bevredigend verklaard kan worden door de bekende neuronale activiteit.

Anders moeten we domweg concluderen dat de theorie op niets meer berust dan ongefundeerde speculatie! Om die reden wordt de theorie dan ook zonder aarzelen verworpen door Pim van Lommel.

Appendix

Animisme/Super-ESP versus survival in verband met BDEs

De logische structuur van mijn argumentatie ziet er als volgt uit:

(1) Volgens alle huidige materialistische en epifenomenalistische theorieën is het bewustzijn (en ruimer de hele geest) voor zijn bestaan afhankelijk van meetbare hersenactiviteit in de cortex.

(2) Bewijsmateriaal voor bewustzijn zonder meetbare hersenactiviteit in de cortex falsifieert dus materialistische en epifenomenalistische theorieën van het bewustzijn.

(2a) Real-time (bewuste) ESP van gebeurtenissen die plaatsvinden tijdens een toestand van vlak EEG vormt een voorbeeld van dergelijk bewijsmateriaal.

(3) ESP van gebeurtenissen die plaatsvinden tijdens een toestand van vlak EEG kan in principe alleen verklaard worden door real- time ESP, precognitie en retrocognitie.

(3a) De precognitie-theorie is geen serieus alternatief voor de real-time ESP-theorie in deze context.

(3b) De retrocognitie-theorie is in principe wel denkbaar (behalve wanneer er sprake is van ESP tot aan het moment van ontwaken). Het wordt dan de vraag welke theorie in het algemeen zuiniger is.

(4) Elke (dualistische) ESP-theorie vooronderstelt dat er ten minste een deel van de geest of het bewustzijn is dat de beperkingen van de hersenen overstijgt en daar in die zin niet door bepaald wordt.

(4a) Elke (dualistische) ESP-theorie impliceert daarmee ook dat ten minste het deel van de geest of het bewustzijn dat al tijdens het leven niet beperkt wordt door de fysieke eigenschappen van het brein, de dood van datzelfde brein zal overleven. Elke (dualistische) ESP-theorie impliceert dus tenminste survival van dat deel van de geest.

(4b) De real-time ESP-theorie stelt dat er overleving van het bewustzijn plaatsvindt tijdens een vlak EEG. Net als de retrocognitie-theorie gaat het daarmee uit van survival (na het uitvallen van corticale hersenactiviteit) van tenminste dat deel van de geest of het bewustzijn dat niet beperkt wordt door het brein tijdens ESP.

(5a) De retrocognitie-theorie is ingewikkelder (minder zuinig) dan de real-time ESP-theorie omdat ze naast survival (na het uitvallen van corticale hersenactiviteit) ook nog eens postuleert dat iemand bij BDEs de illusie krijgt real-time ESP te ervaren tijdens een vlak EEG, terwijl er in werkelijkheid sprake zou zijn van retrocognitie na herstel van de corticale hersenactiviteit.

(5b) Daarom moeten we bij veridieke waarnemingen van gebeurtenissen tijdens een vlak EEG de voorkeur geven aan de real-time ESP theorie boven de retrocognitie-theorie.

(5c) De real-time ESP-theorie is daarbij in principe falsifieerbaar door ondubbelzinnig bewijsmateriaal voor de retrocognitie-theorie.

Hoofdstuk 8. Herinneringen aan een andere wereld

Sinds de publicatie van het boek Leven na dit leven van Dr. Raymond Moody is er betrekkelijk veel aandacht gekomen voor het verschijnsel Bijna-doodervaringen (BDEs). Amerikaanse, maar ook Europese en zelfs Indiase wetenschappers hebben onderzoek gedaan naar deze ervaringen die gemeld worden door mensen die schijndood of klinisch dood waren verklaard. Internationaal is er de organisatie IANDS en in Nederland hebben we de stichting Merkawah. Beide organisaties wijden zich helemaal aan BDEs, zowel in de vorm van onderzoek als in de vorm van hulpverlening aan mensen die een bijna-dood ervaring hebben gehad. Ook Stichting Athanasia verzamelt en bestudeert gevallen op dit gebied en verwijst mensen die behoefte hebben aan begeleiding daarbij door naar Merkawah.

Een paar voorbeelden van dergelijke gevallen die door Athanasia verzameld zijn:

- Ervaring van Anny Dirven uit Budel, beschreven in een brief van april 2001: "16 jaar geleden had ik een bloeding en zat al in een zwart gat (tunnel), wat een heel prettig gevoel gaf. Ik kwam nog net op tijd in het ziekenhuis en ik hoorde de specialist zeggen: 'Daar ligt een lijk in bed, maar nu ze hier is, kan haar weinig gebeuren'. Na de operatie die ik moest ondergaan, kwam ik direct al bij in de operatiekamer. Ik kon zelf nog niets zeggen. Maar ik stond in een heel groot veld met allerlei kleuren aan bloemen. En ik stond er zelf middenin, in dat veld. Met een grote bos bloemen in mijn armen. Toen ik wat kon zeggen, heb ik gezegd: 'Ik ben herboren'. Ik kan mij nog steeds heel goed voor mijn geest halen, dat ik met die bloemen in mijn armen stond.
Het was prachtig en gaf een heerlijk gevoel. Dat kan ik niet beschrijven."

- Een anoniem blijvende vrouw vertelde me begin 2002 dat ze in het verleden een aantal zelfmoordpogingen had gedaan. Bij één daarvan had ze het gevoel gehad dat ze 'heel ver weg' was geraakt. Ze had een pad of weg gezien. Alles zag er heel helder uit. Het pad voerde naar een heel mooie weide vol bloemen en kleuren. Er stonden allemaal mensen in het wit naast haar. Nadat ze gereanimeerd was baalde ze erg, ook al omdat ze drie maanden gedwongen werd opgenomen in een ziekenhuis. De ervaring vond ze wel heel mooi en ze is nu niet langer bang voor de dood.

- Een andere vrouw meldde ons team op 15 september 2001 dat haar broer in 1940 toen hij zeven jaar oud vaak bij het Amsterdam-Rijn kanaal bij Utrecht liep te donderjagen. Hij klom onder meer op allerlei dingen en sprong daar dan weer af. Zo is hij een keer gevallen en in het kanaal terechtgekomen. Hij voelde vervolgens hoe hij in een veld met bloemen terechtkwam met allerlei kleuren, zoals roze en witgeel. Hij vertelde dit pas toen hij eenmaal volwassen geworden was.

Het is inmiddels duidelijk geworden dat BDEs zowel voorkomen bij mannen als vrouwen en zowel bij volwassenen als kinderen. Ook zijn ze niet voorbehouden aan de westerse cultuur of aan dit huidige tijdperk. Bovendien vertonen ze vaak een patroon van kenmerken zoals een tunnel en een licht aan het eind daarvan, hoewel elke Bijna-Dood Ervaring tegelijk een eigenheid kent die samenhangt met persoonlijke ervaringen en met symboliek. Mensen met BDEs maken voorts na hun ervaring een soms pijnlijk proces van innerlijke verandering door, dat hun leven meer zin geeft en verrijkt. Tijdens de BDE en ook daarna kunnen er 'veridieke' (juiste) waarnemingen plaatsvinden van de fysieke wereld die niet langs normale weg verklaard kunnen worden. Hiermee hebben we een globaal beeld gekregen van BDEs als een in ieder geval subjectief verschijnsel waaraan de meeste onderzoekers niet langer twijfelen. De discussie gaat dan ook niet over de vraag of BDEs voorkomen en of ze zo aangrijpend kunnen zijn dat ze een transformatieproces op gang brengen. Maar over de kwestie of ze een puur subjectief verschijnsel zijn of toch ook verwijzen naar een andere wereld na de dood.

Grote levensvragen
De mensheid is van oudsher geïntrigeerd door grote levensvragen zoals "Waar komen we vandaan?" en "Waar gaan we heen?". Tegenwoordig wordt dit vaak binnen een materialistisch verband zuiver collectief uitgelegd, in de zin van de evolutionaire oorsprong van Homo Sapiens Sapiens en zijn toekomst als biologische soort. Buiten de materialistische context kunnen deze vragen echter ook persoonlijk worden geïnterpreteerd en dan hebben we het over de herkomst en bestemming van de persoonlijke ziel. Waar waren we toen ons lichaam

nog niet verwekt was en waar gaan we heen als ons lichaam 'op' zal zijn?

Het parapsychologische onsterfelijkheidsonderzoek houdt zich ondermeer empirisch met deze vragen bezig. In het reïncarnatieonderzoek hebben we daarbij te maken met mensen die beweren dat ze al eens dood zijn geweest en nu in een nieuw lichaam zijn teruggekeerd op aarde. Het bewijsmateriaal voor persoonlijke reïncarnatie staat sterker dan ooit, zoals ik in vorige hoofdstukken heb betoogd, en het is zo omvangrijk dat het reïncarnatieonderzoek binnen het huidige onsterfelijkheidsonderzoek waarschijnlijk het belangrijkste gebied vormt.

Daarbij zijn er kinderen die beweren dat ze zich niet alleen een vorig leven kunnen herinneren, maar ook herinneringen hebben aan een andere wereld, na hun dood aan het eind van het vorige leven en voorafgaand aan hun incarnatie in hun huidige lichaam. Deze tussenperiodeherinneringen (TPHs), doen in verschillende opzichten denken aan bijna-doodervaringen. Een voorbeeld van TPHs is te vinden in mijn artikel over ene Kees (pseudoniem): "Over wat doodgaan nu precies is, vertelde Kees dat er dan een engel komt om je naar 'Onze Lieve Heer' te brengen. Die was alleen maar 'goedheid', het 'Grote Licht' en 'humor'. Volgens Kees was het moeilijk om de andere wereld precies te beschrijven. Die paste niet op een diabeeldje en was niet te tekenen. Hij zei verder dat hij zijn eigen plekje aan een prachtige blauwe waterval had, die klaterde onder en boven een bloemenperk, en aan de bomen groeiden de heerlijkste vruchten - lekkerder dan alle marsjes en snoepjes bij elkaar. Ook vertelde hij dat hij heel lang geleden dood was gegaan en helemaal geen zin had gehad om naar zijn moeder te komen. Maar van 'hen' daarboven schijnt hij opnieuw aan het werk te hebben moeten gaan."

Ik besteed in dit hoofdstuk eerst aandacht aan hypothesen die Bijna-doodervaringen proberen te verklaren langs neurologische of psychologische wegen, en kijk vervolgens naar de specifiek parapsychologische kenmerken van BDEs. Tot slot zal ik nog kijken naar de implicatie van overeenkomsten tussen BDEs en de zojuist genoemde TPHs.

Illusies van een stervend brein

Het materialisme is een van de minst rationele en tegelijk hardnekkigste visies op het bestaan. Alles wat er bestaat zou uiteindelijk samengesteld zijn uit onbezielde deeltjes materie, die in samenspel met elkaar dus ook zorgen voor het ontstaan van subjectieve ervaringen, zonder dat er echter een subject zou bestaan dat die ervaringen zou ondergaan. Volgens het eigenlijke materialisme zijn zulke subjectieve ervaringen zelf dus ook niets anders dan materiële processen, en volgens het epifenomenalisme zijn ze weliswaar zelf niet fysiek, maar wel geheel en al gebonden aan en bepaald door de hersenen. In beide gevallen impliceert dit onder meer dat als het brein sterft, het ook definitief gedaan is met de persoonlijke ziel. Nu is het materialisme evenals het epifenomenalisme, zoals ik elders meermalen betoogd heb, volstrekt onhoudbaar , en daarmee eigenlijk ook helemaal geen serieuze gesprekspartner. Toch is het zaak hier even stil te staan bij de materialistische en epifenomenalistische verklaringen van BDEs, omdat die nu eenmaal (zoals gewoonlijk in de psychologie) veel te veel invloed hebben.

Volgens de materialistische en epifenomenalistische verklaringen zouden de verschillende kenmerken van BDEs allemaal verklaard kunnen worden door veranderingen binnen het brein. Dit kunnen chemische veranderingen zijn zoals het vrijkomen van bepaalde stoffen, fysiologische veranderingen zoals de prikkeling van een deel van de cortex en algemener functionele processen, waarbij er een soort aangeboren programma wordt gestart dat de hersenen in staat stelt optimaal om te gaan met een kritieke, levensbedreigende situatie.

Chemische veranderingen

Als we denken aan chemische veranderingen, dan moet het gaan om de verhoogde of verlaagde productie van bepaalde stoffen in de hersenen die bijvoorbeeld zouden zorgen voor de euforie die BDE-ers ervaren en bepaalde beelden die ze zien. Dit is op zich geen idiote gedachte omdat we allemaal weten dat er stoffen zijn zoals alcohol en drugs die onze perceptie van de werkelijkheid kunnen veranderen. Dus puur het feit dat mensen zich erg gelukkig hebben gevoeld en allerlei wonderlijke dingen hebben gezien is op zich nog geen doorslaggevend argument voor de theorie dat de BDE meer is dan een somatogene ervaring. Het heeft dan op zich ook geen zin om alleen de concrete hypothesen over welke stoffen BDE-achtige ervaringen zouden veroorzaken te weerleggen. Het gaat er daarentegen om kenmerken van BDEs aan te wijzen die niet alleen onverklaard blijven door de tot nu geformuleerde biochemische hypothesen, maar daar per definitie niet door verklaard kunnen worden. Zulke kenmerken zijn er: veridieke perceptie of cognitie van gebeurtenissen op flinke afstand van het lichaam; steeds terugkerende symboliek; de klaarblijkelijke aanwezigheid van paranormale vermogens na afloop van de BDE; en de overeenkomsten tussen BDEs en TPHs.

Met andere woorden: het is niet uit te sluiten dat men ooit stoffen ontdekt die in principe delen van de BDE lijken te kunnen verklaren. Het is echter wel uit te sluiten dat men ooit dit soort biochemische factoren ontdekt die alle kenmerken van de BDE kunnen verklaren. Als men de BDE dan ook helemaal biochemisch wil verklaren, moet dat onherroepelijk neerkomen op het ontkennen van dit soort kenmerken.

Fysiologische veranderingen

Iets dergelijks geldt ook voor fysiologische veranderingen. Het is bijvoorbeeld helemaal niet zo maar bij voorbaat uit te sluiten dat de hersenen hallucinaties produceren ter compensatie van het compleet wegvallen van externe stimulatie. Het is ook niet bij voorbaat uit te sluiten dat er gebieden zijn in de hersenen die als ze geprikkeld worden een soort tunnel-ervaring veroorzaken. Het is echter wel uitgesloten dat er ooit fysiologische verklaringen gevonden kunnen worden voor de boven vermelde kenmerken.

Functionele processen

Onder functionele processen verstaan we hier processen die evolutionair zijn uitgeselecteerd omdat ze bijdragen tot het genetische succes van een soort. Waar moeten we dan aan denken als het gaat om de dood? Aan veranderingen die de drang tot overleven in het individu versterken en aan veranderingen die de angst voor de dood bij de nabestaanden en ook het verdriet om de overledene zoveel mogelijk kunnen verminderen. Er zou daartoe evolutionair gezien een neuronaal programma aangeboren kunnen zijn dat geactiveerd wordt in toestanden van opperste nood. Dit programma zou het individu (en bij zogeheten sterfbedvisioenen ook diens omgeving) eerst geruststellen, maar dan toch nog aanzetten om al zijn laatste krachten te mobiliseren om weer

87

bij te komen. Bovendien zou het programma ook geruststellend en hoopgevend moeten zijn voor anderen wanneer de persoon inderdaad weer bij bewustzijn komt.

Ook dit is geen intrinsiek absurde theorie en zij lijkt tenminste bepaalde kenmerken van BDEs, zoals een deel van de terugkerende symboliek, te kunnen verklaren. Er zijn echter zoals gezegd nog andere kenmerken die er principieel onverklaard door blijven.

Conclusie over materialistische en epifenomenalistische verklaringen van BDEs

Materialistische en epifenomenalistische verklaringen van BDEs zijn uitsluitend van toepassing op die kenmerken van BDEs die veroorzaakt zouden kunnen zijn door hersenprocessen. Er zijn echter ook kenmerken zoals de veridieke perceptie (of cognitie) van gebeurtenissen op flinke afstand van het lichaam; de klaarblijkelijke aanwezigheid van paranormale vermogens na afloop van de BDE en de overeenkomsten tussen BDEs en TPHs die zich niet lenen voor verklaring door zuiver materialistische of epifenomenalistische hypotheses.

De laatste jaren is er door onderzoekers als Sam Parnia en Peter Fenwick van Southampton General Hospital en de Nederlandse cardioloog Pim van Lommel van het Rijnstate Ziekenhuis te Arnhem en hun teams aangetoond dat in elk geval sommige patiënten die een BDE melden ten tijde van hun ervaring in een toestand van klinische dood verkeerden met een vlak EEG. Dat betekent dat sommige BDEs als geheel onverklaarbaar zijn binnen een materialistische context omdat men in plaats van helder bewustzijn helemaal geen mentale activiteit zou verwachten bij de patiënten in kwestie. Pim van Lommel publiceerde zijn prospectieve onderzoek onder 344 hartpatiënten eind 2001 in het gerenommeerde medische tijdschrift *The Lancet*.
Ondanks deze officiële erkenning blijken skeptische tegenstanders de gegevens (bewust of onbewust) vaak niet goed tot zich door te laten dringen. Ze vallen op een bijna onbegrijpelijke manier in herhalingen van nu juist door deze studies weerlegde materialistische dooddoeners zoals: "Het is echt allemaal verklaarbaar door zuurstofgebrek in de hersenen". Nu al mogen we concluderen dat sommige BDEs er hoe dan ook op wijzen dat we de dood geestelijk overleven.

Psychologische verklaringen

Onder psychologische hypotheses verstaan we inhoudelijke verklaringen die niet uitgaan van neurologische processen, maar van psychologische. Dat wil zeggen dat het niet primair zou gaan om activering van aangeboren neuronale programma's, maar om psychologische defensiemechanismen.

Mensen hebben behoefte aan zin, ongeacht of die zin er nu is of niet. Dit geldt voor allerlei schijnbaar absurde situaties tijdens het leven waar mensen soms op heldhaftige wijze nog een zin aan willen toeschrijven. Maar het geldt al helemaal voor het schijnbaar meest absurde gegeven van allemaal: de dood. Het is niet te verwachten dat onze behoefte aan zin en de daaruit voortkomende zingeving plotseling ophoudt als we bijna dood zijn. Het is daarentegen veel waarschijnlijker dat de behoefte aan zin onder die omstandigheden juist alleen nog maar nijpender wordt. Van hieruit zou men kunnen verwachten dat juist mensen die bijna dood gaan allerlei persoonlijke symboliek activeren om dit feit te verzachten of in een hoger perspectief te plaatsen. Er is bij BDEs inderdaad sprake van allerlei persoonlijke variaties in de individuele beleving van de BDE. Ook zou men kunnen verwachten dat er universele symbolen zijn die alle mensen gemeen hebben (door de psycholoog Carl Gustav Jung aangeduid als archetypen). En dat er daarom ook sprake zou zijn van meer of minder universele kenmerken in het verloop van BDEs. Ook dit soort universele kenmerken zijn natuurlijk genoegzaam bekend.

We komen bij de psychologische verklaring van de kenmerken van BDEs dus echt een heel eind. Zowel de variaties in ervaringen als de universele fasen in de ervaring lijken er door te kunnen worden verklaard, en eventueel voor een deel zelfs het gegeven dat jonge kinderen reeds BDEs kunnen hebben die sterk overeenkomen met die van volwassenen.

Maar ook hier geldt nog steeds dat ze kenmerken zoals de veridieke perceptie of cognitie van gebeurtenissen op flinke afstand van het lichaam, de klaarblijkelijke aanwezigheid van paranormale vermogens na afloop van de BDE en de overeenkomsten tussen BDEs en TPHs niet kunnen verklaren. Bovendien weten we uit het voorafgaande al dat in elk geval sommige BDEs hoe dan ook wijzen op een overleven na de fysieke dood.

Parapsychologische verklaringen

Het wordt nu tijd om ons te richten op de zojuist genoemde kenmerken die niet alleen onverklaard blijven door neuropsychologische hypothesen, maar ook door psychologische.

Binnen de parapsychologische verklaringen maakt men wat dit betreft van oudsher een onderscheid in animistische (oftewel Super-ESP) verklaringen waarbij er officieel geen sprake is of hoeft te zijn van een leven na de dood en spiritistische verklaringen waarbij daar wel vanuit wordt gegaan.

Animisme en spiritisme

Een animistische verklaring bestaat eigenlijk gewoon uit een psychologische verklaring waarbij men ruimte inbouwt voor paranormale waarnemingen. Kenneth Ring heeft op een degelijke wijze aangetoond dat er paranormale waarnemingen plaatsvinden bij BDEs. Zo heeft hij het over waarnemingen van voorwerpen die zich ver buiten het normale gezichtsveld van het overigen bewusteloze lichaam bevonden, en waarvoor bevestiging werd gegeven door derden.

Een voorbeeld daarvan wordt gevormd door de ervaring van een verpleegster genaamd Cathy Milne in het Hartfordshire-ziekenhuis in Connecticut: "Mevrouw Milne was al geïnteresseerd geraakt in BDES, en op een dag sprak ze met een vrouw die onlangs was gereanimeerd en een BDE had beleefd.

Na eerst telefonisch door mij over dit voorval te zijn geïnterviewd, beschreef ze de details in een brief aan mij: Ze zei me hoe ze over haar lichaam heen vloog, de reanimatie-inspanningen kort bezag, waarna ze zich naar boven voelde getrokken door verscheidene verdiepingsvloeren van het ziekenhuis heen. Toen merkte ze dat ze zich boven het dak bevond en naar de skyline van Hartford keek. Ze verwonderde zich over het prachtige uitzicht. Uit een ooghoek zag ze een rood object. Het bleek een schoen te zijn... Ze dacht na over de schoen... en plotseling voelde ze zich 'opgezogen' door een zwart gat. De rest van haar BDE was tamelijk gewoon, naar wat ik me ervan herinner. Ik vertelde dit aan een [skeptische] patiënt, die spottend heenging. Blijkbaar had hij daarna een conciërge zover gekregen hem op het dak te laten, want toen ik hem later op die dag tegenkwam, had hij een rode schoen bij zich en was hij volledig bekeerd."

Ring lijkt daarbij te denken dat hij simpelweg door het aantonen van paranormale ervaringen bij BDEs meteen heeft aangegeven dat zij inhoudelijk verband houden met een leven na de dood. Animisten zullen echter benadrukken dat er in allerlei situaties paranormale waarnemingen zijn vastgesteld en dat er dus helemaal geen specifieke link bestaat tussen BDEs en paranormale waarnemingen. Indien die paranormale waarnemingen dus in die andere situaties niet wijzen op een leven na de dood, dan ook niet in de context van de BDEs. In weerwil van deze opvatting, is het natuurlijk wel zo dat er in principe geen goede neuropsychologische verklaringen mogelijk zijn van paranormale waarnemingen (alleen maar het wegverklaren van die ervaringen). En dat ze om die reden inderdaad wijzen op de zelfstandigheid van de ziel en dus ook op haar overleven na de dood. Dat betekent dat paranormale ervaringen zelf altijd al wijzen op een overleven na de dood. Bovendien vinden sommige BDEs dus plaats tijdens een vlak EEG zodat ze (zoals ik in het vorige hoofdstuk uiteen heb gezet) als geheel verklaard moeten worden door een theorie die evenzeer genoemde zelfstandigheid van de ziel ten opzichte van de hersenen vooronderstelt. BDEs laten hoe dan ook zien dat het bewustzijn de dood overleeft en wat dat betreft heeft Kenneth Ring zeker gelijk! Animisme is in die zin dus niet houdbaar.

Maar deze verheugende conclusie zegt verder nog niets over de waarde van BDEs voor onze nadere, preciezere beeldvorming van dat overleven na de dood. We zouden ons tevreden moeten stellen met de algemene constatering dat BDEs paranormale elementen kunnen bevatten of plaats kunnen vinden bij een vlak EEG, hetgeen allebei onverenigbaar is met het materialisme en daarom hoe dan ook een overleven van het bewustzijn na de dood aantoont. Hoe het verder nou gesteld is met een andere wereld na de dood, dus los van bewuste paranormale waarnemingen van deze wereld, is daarmee nog onduidelijk.

BDEs en TPHs
Toch is hier niet alles mee gezegd. Kinderen die zich een vorig leven herinneren, vertonen zoals gezegd in bepaalde gevallen ook herinneringen aan een andere wereld. Deze herinneringen komen in verschillende opzichten overeen met BDEs. Ook zij kunnen melding maken van 'duisternis' en 'Licht', van 'engelen', van een prachtige buitenaardse wereld, van contact met overledenen, van het teruggestuurd worden naar de aardse wereld, etc. Nu kunnen we ons (zoals ik reeds aangaf) nog voorstellen dat deze elementen bij mensen met een BDE voortkomen uit psychologische mechanismen. We kunnen

ons dat echter niet voorstellen als het gaat om kinderen die herinneringen hebben aan een vorig leven. Zeker niet als die herinneringen veridiek zijn en als er daarbij sprake is van een sterke identificatie met het vorige leven die zoals ik elders heb aangetoond niet verklaarbaar is door animistische hypothesen. Het is niet uit te sluiten dat kinderen die zich een vorig leven herinneren in bepaalde gevallen alleen maar fantaseren over de tussenperiode tussen dood en reïncarnatie, maar het is volgens mij wel uitgesloten dat ze dit in alle gevallen waarin hun herinneringen overeenkomen met BDEs doen. Dit wordt bovenal aangetoond door het gegeven dat er net als bij BDEs, ook bij TPHs ervaringen worden gemeld die te maken hebben met veridieke paranormale waarnemingen van aardse gebeurtenissen die bevestigd worden door derden. Net als BDEs zijn TPHs daarom niet te reduceren tot fantasie!

Zo kom ik via een omweg, via de TPHs, tot de conclusie dat de BDEs ook opgevat mogen worden als een blik op het hiernamaals. Dat wil niet zeggen dat psychologische en zelfs fysiologische elementen geen enkele rol spelen in BDEs, maar wel dat BDEs primair te maken hebben met in ieder geval de subjectieve beleving van een ziel voorafgaand aan, maar ook na de dood en voor reïncarnatie. BDEs (of preciezer, de melding daarvan achteraf) en TPHs hebben allebei te maken met herinneringen aan een andere wereld, die in elk geval subjectief ook nog zal blijven bestaan na de dood.

Hoofdstuk 9. Kennis over een hiernamaals

Zowel in de grote wereldreligies als bij de natuurgodsdiensten komen voorstellingen voor van een hiernamaals. Antropologen hebben aangetoond dat deze al net zo kunnen verschillen van elkaar als de talrijke godsbeelden. Zelfs een symbolische interpretatie biedt wat dat betreft geen soelaas als we de verschillende overleveringen met elkaar in verband willen brengen.

Volgens bepaalde tradities is het hiernamaals voor de meesten van ons slechts een tijdelijke verblijfplaats van waaruit we terug zullen moeten keren naar deze wereld. Voor andere is er geen aparte wereld of dimensie waar we na onze dood in verblijven, maar alle geesten van overleden mensen dolen gewoon op deze aarde rond. Volgens de Maya's verlangen overledenen naar reïncarnatie omdat het leven in het hiernamaals veel minder aantrekkelijk zou zijn dan het fysieke leven. De oude Grieken hadden een voorstelling van een schimmige Hades waarin overledenen nog maar een trieste schaduw van zichzelf zouden zijn. Terwijl moslims het paradijs juist weer voorstellen als een sensuele lusthof[7]. Samengevat kunnen we geen coherent beeld distilleren uit de talloze menselijke voorstellingen van een hiernamaals. Willen we daarom via een wetenschappelijke methode komen tot een aannemelijk beeld van wat we na de dood mogen verwachten, dan kunnen we in plaats van de genoemde vergelijking tussen godsdiensten en mythen beter onze toevlucht nemen tot de parapsychologie.

Er zijn twee naturalistische deelgebieden van de parapsychologie die samen bij uitstek geschikt lijken op dit punt. Namelijk het onderzoek naar Bijna-doodervaringen en dat naar herinneringen aan een tussenperiode bij kinderen die zich een vorig leven kunnen herinneren. We zullen daar in dit hoofdstuk kort bij stilstaan.

Bijna-dood en dood geweest
Bijna-doodervaringen, die op zichzelf al gedeeltelijk inhoudelijk

---

[7] Overigens heb ik ergens gelezen dat het daarbij mogelijk om een fout in de vertaling van passages van de Koran zou gaan. De aantrekkelijke maagden waar traditioneel sprake van is, zouden in werkelijkheid druiven betreffen.

bekrachtigd worden door sterfbedvisioenen,en herinneringen aan een tussenperiode

bij kinderen die zich een vorig leven herinneren bevestigen elkaar onderling waar het gaat om ervaringen met een hiernamaals op allerlei punten. De overeenkomsten zijn vele malen eenduidiger dan de overeenkomsten tussen religieuze en mythologische voorstellingen over een leven aan gene zijde. Dat is op zich al heel opmerkelijk omdat men op basis van de genoemde grote narratieve diversiteit ook een enorme verscheidenheid aan ervaringen zou verwachten. Skeptici zeggen daar overigens geregeld over dat de overeenkomsten sterk overdreven worden en dat er zelfs betrekkelijk veel 'uitzonderingen' bestaan die helemaal niet passen in het standaardbeeld. De meeste gemelde bijna-doodervaringen zijn bijvoorbeeld erg positief, maar er zijn ook angstaanjagende bijna-doodervaringen bekend met visioenen van een soort helse oorden met afzichtelijke wezens. Dat neemt echter nog steeds niet weg dat er veel meer overeenstemming is dan je vanuit de culturele verschillen zou verwachten. Ook tussen bijna-doodervaringen en herinneringen aan een tussenperiode bij kinderen die zich een vorig leven kunnen herinneren bestaan opmerkelijke overeenkomsten. Skeptici zien dit alles graag over het hoofd of ze proberen het af te doen met eenvoudige algemeen menselijke psychologische processen, die zouden leiden tot louter fantasiebeelden over een hiernamaals. Daarbij vergeten ze voor het gemak dat je juist op basis van de cultuurpsychologische en ontwikkelingspsychologische diversiteit van de respondenten veel meer verschillen en veel minder overeenkomsten zou verwachten. Ik zal hun voorbeeld dan ook niet volgen, maar later in dit hoofdstuk wijzen op een mogelijkheid om zowel de overeenkomsten als de verschillen theoretisch te plaatsen binnen een coherent model.

De locatie van het hiernamaals

Het is hoe dan ook te verwachten dat als er een hiernamaals bestaat, deze wereld in diverse opzichten zal verschillen van de fysieke wereld waar we ons tijdens het aardse leven in bevinden. Er is namelijk nog nooit langs gangbare natuurwetenschappelijke wegen een plaats aangetroffen in deze wereld die overeen zou komen met 'gene zijde'. Het is duidelijk dat veel religies hier heel anders over hebben gedacht. Ze plaatsten het verblijf van de zielen in het hiernamaals heel vaak op een sfeer (bolvormige laag) om de aarde, op een andere planeet of ster,

94

of in een bepaalde landstreek of een letterlijk opgevatte onderwereld. Dit is niet zo verwonderlijk omdat ook de meeste goden gelokaliseerd werden in het fysieke universum, b.v. op de Griekse Olympus, in een bepaald sterrenbeeld of domweg in een tempel of gesneden beeld daarbinnen. Termen als hemel en hel verwijzen nog steeds naar fysieke voorstellingen van het hiernamaals. Sinds de zogeheten onttovering van het wereldbeeld door de moderne wetenschap is er weinig ruimte meer voor fysieke plaatsen die gereserveerd zouden zijn voor bovennatuurlijke wezens. Kosmonaut Yuri Gagarin grapte dan ook dat hij God niet had ontmoet tijdens zijn 'hemelreis'.

Niet iedereen is het trouwens eens met de natuurwetenschappelijke opvattingen van de hemelen. Er zijn bijvoorbeeld bepaalde groeperingen die contact menen te hebben met bovenaardse wezens die in andere sterrenstelsels zouden wonen en onze spirituele leraren zouden zijn. Sommige katholieken menen dat God elders in het heelal planeten heeft bereid waarop we na het laatste oordeel eeuwig kunnen voortleven. Ook zijn er nog aanhangers van occulte stromingen die denken dat zielen een ontwikkeling doormaken waarbij ze opklimmen van de ene planeet naar de andere.

De oude filosofische posities van het dualisme en idealisme maken het mogelijk om over de plaats van het hiernamaals te denken als over een niet-fysieke plaats, d.w.z. een (deel van een) psychische 'ruimte' die niet overeenkomt met de fysieke ruimte. Ook de hedendaagse natuurkunde biedt eventueel uitkomst, door uit te gaan van de mogelijkheid dat er meer fysieke dimensies bestaan. Deze opmerkingen vind ik nodig om aan te geven dat het wel degelijk houdbaar is om uit te gaan van een reëel hiernamaals dat zich niet alleen bevindt in de subjectieve beleving van de overledenen zelf. Er kan tenminste sprake zijn van een intersubjectief bestaande 'andere dimensie' aan gene zijde, ook al kunnen we haar niet ruimtelijk lokaliseren binnen de ons bekende fysieke wereld.

Waarin komen ervaringen overeen

Het is zoals ik al zei erg onaannemelijk dat de talrijke overeenkomsten tussen bijna-doodervaringen (BDEs) en tussenperiodeherinneringen (TPHs) op niet meer dan primitieve universele fantasieën berusten. In plaats daarvan wijst dit soort overeenkomsten wel degelijk op een contact met het hiernamaals.

Laten we eens kijken waarin BDEs en TPHs zoal overeen kunnen komen als het gaat om gene zijde:

(1) *Telepathisch contact met Wezen van Licht*
Er vindt in het hiernamaals telepathisch contact plaats met een of meer hogere, spirituele wezens.

Een voorbeeld:

BDE: een jongen van zestien, Dean, herinnerde zich dat hij een wezen zag dat ongeveer twee meter lang was, een lang, wit gewaad gedroeg en goudkleurig haar had. Hij straalde liefde en vrede uit.

TPH: Toen 'Christina' uit Malden in haar vorige leven stikte in een brandend huis te Arnhem, kwam er een vrouw in een lang wit kleed aan. Ze is met die vrouw door de vlammen heen gegaan. Ze zijn vervolgens 'naar boven gegaan'. Daarna werd er tegen haar gezegd dat ze gestorven was in de brand, maar waarschijnlijk opnieuw geboren mocht worden.

(2) *Kennis over het afgelopen leven*
Er is in de andere wereld op de een of andere manier betrouwbare kennis aanwezig over het zojuist (bijna) afgesloten leven.

Een voorbeeld:

BDE: Een man die bijna doodgevallen was, zag hoe zijn leven voorbijflitste. Hij voelde zich elke keer beschaamd als er iets stoms wat hij gedaan had, aan hem werd getoond.

TPH: S. uit Amsterdam herinnerde zich dat er een plaats was waar iemand dingen opschreef "voor joden en christenen", wat waarschijnlijk wijst op registratie van alle daden van stervelingen.

(3) *Contact met overledenen*
Er kan in het hiernamaals communicatie plaatsvinden met (andere) overledenen.

Een voorbeeld:

BDE: Iemand die een hartaanval had gehad, zag zijn vader voor hem staan. Ze babbelden heel natuurlijk met elkaar en hij maakte grapjes met hem over zijn broer.

TPH: Stephen Ramsay uit Blackpool herinnert zich dat hij veel vrienden 'aan de andere kant' had, d.w.z. overledenen zoals hijzelf.

(4) *Schoonheid*
De andere wereld zou in zowel visueel als auditief opzicht prachtig zijn

Een voorbeeld:

BDE: De Nederlandse Myriam werd aangetrokken door een soort muziek en warmte. Het was er onwaarschijnlijk mooi, mooie bomen, planten en bloemen. Ze voelde er een onmetelijke rust en ontspanning. Ze had een heerlijk, zalig gevoel en dacht: "Wat is het hier mooi!" Ze wilde daar dan ook blijven.

TPH: De Nederlandse jongen 'Kees' vond het moeilijk om de andere wereld precies te beschrijven. Die paste niet op een diabeeldje en was niet te tekenen. Hij zei verder dat hij zijn eigen plekje aan een prachtige blauwe waterval had, die klaterde onder en boven een bloemenperk.

(5) *Gemeenschappen*
Er zijn plaatsen in de andere wereld waarin meerdere zielen geconcentreerd zijn.

Een voorbeeld:

BDE: Dannion Brinkley ging naar een stad van licht, met kathedraalachtige gebouwen.

TPH: S. uit Amsterdam herinnerde zich verschillende plaatsen in de andere wereld, die ze aanduidde met Hebreeuws en Jiddisch klinkende namen, waaronder Kfar-El, Ha Binah en Adenberg, etc.

(6) *Liefde en licht*
Hogere wezens zorgen voor het welzijn en de ontwikkeling van de persoon.

Een voorbeeld:

BDE: Dannion Brinkley beweert dat hij les kreeg van hogere wezens over genezen.

TPH: Lorna Taylor uit Plymouth herinnert zich dat Jezus (sic) haar af en toe kwam bezoeken om haar en anderen 'levend licht' te brengen en hen daarmee te helpen.

(7) *Voorbereiding op het aardse leven*
Zielen worden indien nodig door hogere wezens voorbereid op de terugkeer naar het aardse leven. Meer in het algemeen is er een nadruk op kennis en wijsheid.

Een voorbeeld:

BDE: Een vrouw herinnerde dat men haar vertelde dat bepaalde ervaringen nodig waren voor haar geestelijke ontwikkeling.

TPH: 'Christina' uit Malden mocht van een engelachtig wezen zelf haar moeder uitkiezen en werd er daarna op voorbereid dat ze nog een bepaalde periode moest wachten.

Naar aanleiding van dit soort overeenkomsten mogen we veronderstellen dat de bijna-doodervaringen van zielen die weer zullen reïncarneren, in geval van overlijden overgaan in TPHs, die slechts één nieuw element lijken te bevatten, namelijk voorbereiding op reïncarnatie in plaats van terugkeer in het oude lichaam.

Verklaring van de verschillen
BDEs onderling en BDEs en TPHs vertonen opmerkelijke overeenkomsten. Maar hoe kunnen we de verschillen nu verklaren? BDEs leveren daar mogelijk zelf de sleutel toe. In bepaalde bijna-doodervaringen is namelijk sprake van de scheppende kracht van de geest. De andere wereld zou geen fysieke wereld zijn zoals we die hier kennen, bovenal onderhevig aan allerlei fysieke wetmatigheden, primair 'psychogene' wereld die voortkomt uit de geest. De overeenkomsten zouden dan op de eerste plaats verklaard moeten worden uit het gegeven

dat de andere wereld een gemeenschappelijke wereld is die ook gedeeld wordt door hogere wezens. De verschillen kunnen op hun beurt vooral verklaard worden door individuele verschillen in aardse herinneringen en voorstellingen. Wat dit betreft is het bekend dat helse BDEs soms uiteindelijk toch uitmonden in klassieke BDEs met een hemels Licht.

Andere bronnen

Naast bijna-doodervaringen en tussenperiodeherinneringen zijn er nog een paar methodes bekend die er aanspraak op maken betrouwbare kennis over gene zijde te leveren. Dit zijn de paragnostische methode, uittredingen ofwel astrale projectie, verschijningen, transcommunicatie en spiritistische séances. Er kleven echter helaas bepaalde extra moeilijkheden aan deze methoden waar we niet mee te maken hebben bij BDEs en TPHs.

Bij helderziendheid, uittredingen en spiritistische séances is doorgaans sprake van een actief zoeken naar gegevens over het hiernamaals. Het probleem daarbij is dat naarmate onderzoekers meer weten over de literatuur op dit gebied hun resultaten daar sterk door beïnvloed zouden kunnen zijn. Een bezwaar dat niet opgaat voor de eerste geregistreerde bijna-doodervaringen. En nog minder voor de tussenperiodeherinneringen van kinderen van ouders die niet eens in reïncarnatie geloofden en zeker niet op de hoogte waren van de (nog steeds) erg schaarse literatuur over dit soort herinneringen.

Een dergelijk probleem zien we ook bij veel vormen van transcommunicatie van mogelijke overledenen via elektronische apparaten en bij verschijningen van onbekenden. Eigenlijk ontsnappen alleen spontane ervaringen van ongeïnformeerde waarnemers zoals jonge kinderen aan deze kritiek, evenals ervaringen met onbekende overledenen van wie men het bestaan later wel kan vaststellen.

Overigens komen zowel de minder bruikbare als de bruikbaardere alternatieve bronnen wel degelijk overeen met het hiervoor geschetste algemene beeld.

Een mooi voorbeeld hiervan wordt gevormd door de volgende passage in het boek *Spirituele reizen tussen leven en dood* van het Amerikaanse medium James van Praagh: "In deze grootse gebouwen treft men elke vorm van onderwijs aan: van kunst, muziek, taal, filosofie tot de wetenschappen. Elke hal der kennis heeft zijn eigen gedachtesfeer. Deze sfeer wordt gecreëerd door de gevoelens van mensen die zich vol vreugde overgeven aan hun interesses en door de liefde van de architect die zijn kennis heeft gebruikt voor het ontwerp van het gebouw. Iedereen deelt in de intentie van het gebouw en in het visioen van degene die het heeft geschapen" (blz. 57). Van Praagh heeft het dus over gemeenschappen en over het belang van kennis, die beide ook voorkomen bij zowel bijna-doodervaringen als tussenperiodeherinneringen.

Het voornaamste verschil is wel dat sommige paragnosten, zoals Emmanuel Swedenborg, en bepaalde 'entiteiten' bij séances melding maken van het opstijgen van zielen naar hogere sferen, terwijl ik daar nog geen voorbeelden van ken bij tussenperiodeherinneringen. Dit verschil is gemakkelijk te verklaren doordat kinderen met TPHs niet opgestegen kunnen zijn naar dergelijke sferen, aangezien ze teruggekeerd zijn naar de aarde.

TPHs als maatstaf

Dit alles brengt me ertoe om binnen de speurtocht naar kennis over het hiernamaals vooral veel nadruk te leggen op tussenperiodeherinneringen. Het betreft hierbij namelijk meestal herinneringen betreft van kinderen die in ieder geval al de waarheid lijken te spreken over hun vorige leven. Terwijl ze bovendien ongeïnformeerd plegen te zijn over vergelijkbare ervaringen van anderen. Dat geeft deze herinneringen volgens mij een speciale puurheid en authenticiteit. Daarom denk ik dat we niets hoeven aan te nemen over de andere wereld wat niet expliciet bevestigd lijkt worden door TPHs. Andersom geldt waarschijnlijk dat we behoorlijk zeker mogen zijn van een aspect van gene zijde als het eenmaal bevestigd is door een herinnering aan een tussenperiode.

Grenzen aan de menselijke kennis

Een door velen gedeelde overtuiging luidt dat de menselijke kennis niets kan omvatten dat betrekking heeft op het leven na de dood. Het reïncarnatieonderzoek naar herinneringen aan vorige levens heeft volgens mij voldoende aangetoond dat deze overtuiging domweg onjuist is. En de overeenkomsten tussen met name BDEs en TPHs laten zien dat we waarschijnlijk zelfs iets te weten kunnen komen over een hiernamaals dat voorafgaat aan iemands eventuele reïncarnatie. Desondanks mogen we daar nog niet uit concluderen dat we het hiernamaals reeds als stervelingen helemaal in kaart zullen kunnen brengen. Onze kennis zal meestal indirect en in elk geval beperkt blijven, hoezeer dit ook verschilt van helemaal geen kennis. Ik moet wat dat betreft altijd denken aan het verhaal van twee rooms-katholieke monniken die hun leven lang met elkaar hadden geboomd over hoe het eeuwige leven na de dood eruit zou zien. Ze kwamen met elkaar overeen dat diegene van hen die het eerst zou komen te overlijden het jaar daarop zou verschijnen aan zijn vriend. En als het leven in de Hemel inderdaad zo was als zij gedacht hadden, zou hij mogen volstaan met het Latijnse woord taliter dat hier neerkomt op: het is zoals we ons voorstellen. Als de eeuwigheid echter afweek van wat ze zich hadden voorgesteld, zou hij moeten zeggen: aliter; het is anders.

Na verloop van tijd kwam één van hen te overlijden en uiteindelijk brak de dag aan waarop hij precies een jaar geleden gestorven was. Hij verscheen omringd door een soort licht in de cel van zijn vriend. De andere monnik vroeg hem onmiddellijk: "Is het zoals we ons hadden voorgesteld?" De overledene bewoog zijn hoofd en zijn lippen brachten de woorden voort *Totaliter aliter*, dat wil zeggen: het is totaal anders. Maar dat neemt niet weg dat het al hier op aarde de moeite loont om zoveel mogelijk Licht wat er van die andere wereld in de onze doordringt vast te leggen. Wat dat betreft lijken wetenschappers op dit gebied een beetje op de astronomen die van een enorme afstand de maan in kaart brachten, ook al waren het pas de astronauten die er daadwerkelijk kwamen.

Hoofdstuk 10. Signalen uit de hemel

Volgens de christelijke traditie kreeg Maria een visioen van de aartsengel Gabriël die haar vertelde dat ze zou bevallen van de Messias. Deze *annuntiatio* (aankondiging) zoals de gebeurtenis wordt aangeduid in het Latijn werkt door in uitbeeldingen van het kerstverhaal en in de Spaanse voornaam Maria de la Anunciación. Nog niet zolang geleden maakte pop- en gospelzangeres Amy Grant een mooi nummer dat de gevoelens van Maria beschrijft na de aankondiging, *Breath of Heaven*. De eerste regel van het Weesgegroetje, het voornaamste rooms-katholieke gebed tot Maria, houdt trouwens ook verband met de annuntiatio.

In de boeddhistische traditie is er eveneens sprake van een aankondiging, namelijk van de geboorte van Siddharta Gautama. Zijn moeder droomde dat een jonge witte olifant met een lotusbloem in zijn slurf aan de rechterkant haar baarmoeder binnenging. Tibetaanse boeddhisten kunnen aankondigingen van de wedergeboorte van een geestelijke in dromen en visioenen gebruiken bij hun pogingen om hem te traceren.

Het parapsychologische reïncarnatieonderzoek toont aan dat aankondigingsdromen niet alleen in een religieus verband voorkomen. Sommige moeders, maar ook anderen in haar omgeving, kunnen indrukken krijgen over de persoonlijke ziel die bij hen zal reïncarneren of dat reeds heeft gedaan.

Een voorbeeld van een aankondigingsdroom werd mij gemeld door Mevrouw A.M. Knijnenburg uit Leimuiden op 30 januari 2002:

"Mijn moeder had voor mijn geboorte vier miskramen gehad. Voor mijn geboorte moest ze acht maanden op bed liggen, om zodoende een volgende miskraam te voorkomen. Enkele weken voor mijn geboorte vertelde de dokter haar dat of het kind of de moeder of beiden het niet zouden overleven. Mijn moeder [was] 40 en haar moeder 27 jaren overleden, waar zij een nauwe band mee had gehad. 's Nachts ligt ze wakker, plots wordt de kamer helgeel verlicht met in het midden daarin haar moeder staand.

Mijn oma heeft een pasgeborene in handen en zegt hierbij: 'geen zorgen, Annie. Alles komt goed. Het is een meid'. Hierbij liet ze de baby zien aan mijn moeder. Intuïtief was mijn moeder door deze verschijning gerustgesteld en maakte zich ook geen zorgen meer. Na mijn geboorte liet de dokter mij aan mijn moeder zien op dezelfde manier als dat mijn oma mij liet zien. Hierbij zei hij: 'Het is een meid.' Na deze gebeurtenis wist mijn moeder zeker dat ze niet gedroomd had, maar dat haar moeder ook echt aan haar was verschenen om haar gerust te stellen."

Verifieerbare gevallen

Aankondigingsdromen, in het Engels aangeduid als *announcing dreams*, komen in allerlei culturen voor. Ze treden zowel op tijdens de zwangerschap als daarvoor en ook nog na de geboorte. En ze leveren in alle gevallen informatie over het verleden van de persoonlijke ziel van het kind in kwestie. Deze dromen ontlenen parapsychologisch gezien hun voornaamste bewijskracht aan het feit dat ze optreden bij paranormale, geverifieerde gevallen van reïncarnatie. Dat maakt aankondigingsdromen ook interessant als er sprake is van verder ongeverifieerde gevallen. Een voorbeeld van een dergelijk paranormaal geval is dat van Kumkum Verma (Stevenson, 1975), dat in dit boek al eerder, in hoofdstuk 2, aan bod is gekomen. Haar moeder droomde over een meisje omgeven door slangen, terwijl Kumkum Verma later verifieerbare herinneringen had aan een leven als de vrouw Sundari die inderdaad een slang had gehouden als huisdier.

Een ander voorbeeld is het Turkse geval van Necip Ünlütaskiran uit de stad Adana, Turkije (Stevenson, 1997). Necip had allerlei moedervlekken op zijn hoofd, gezicht en bovenlichaam. Rond zijn geboorte droomde de moeder van Necip, Celile, dat een man die zichzelf Necip noemde, beweerde dat hij naar haar toe zou komen. Aangezien er echter al een kind in de familie was dat Necip heette, noemden zijn ouders hem Necati. Zodra het kind kon praten, stond hij erop dat hij Necip genoemd werd. Hij vertelde later pas over een vorig leven waarin hij kinderen had gehad. Hij woonde in Mersin, op ongeveer 80 km afstand van Adana waar Necip in dit leven nooit geweest was. Hij vertelde dat hij doodgestoken was en wees aan op welke plekken hij geraakt was.

Rond zijn twaalfde herkende hij een oude vrouw als 'oma' uit zijn vorige leven, tijdens een zelden voorkomend familiebezoek in het dorpje Karaduvar bij Mersin. De vrouw in kwestie bleek in dezelfde buurt te hebben gewoond als ene Necip Budak en in die buurt inderdaad bekend te hebben bestaan als een '(buurt)oma'.

Necip herkende even later familieleden van Necip Budak. Ian Stevenson bestudeerde dit geval samen met de Turkse onderzoeker Reshat Bayer. Stevenson beschouwt het geval als erg bewijskrachtig en wijst normale verklaringen als ontoereikend van de hand. De ouders en andere mensen in de omgeving van het huidige leven hadden namelijk nog nooit van Necip Budak gehoord voordat de jongen met zijn uitspraken op de proppen kwam.

Naast de aankondigingsdroom waarin de naam Necip genoemd werd, had Celile nog een droom gehad. De droom vond drie dagen voor de geboorte van haar zoon plaats. Ze droomde dat een man naar haar huis was gekomen en plaats had genomen op een stoel. Ze vroeg hem wat hij wilde en hij antwoordde: "Ik blijf bij jou." Ze zei: "Waarom zou je dat doen? Mijn man komt binnenkort terug en hij zal dat niet zo leuk vinden." Ze probeerde hem over te halen om weer te vertrekken, maar hij bleef bij zijn besluit en zei nog: "Ik kom uit Mersin, en ik blijf bij jou." Tot slot vertelde hij haar nog dat hij tijdens een gevecht neergestoken was met een mes.

Dit soort gevallen als van Kumkum Verma en Necip Ünlütaskiran maakt dat we ook gevallen van aankondigingsdromen serieus kunnen nemen waarin men niet kan aantonen dat er sprake is van paranormale herinneringen aan een vorig leven. Anders gezegd, we kunnen niet zo maar om aankondigingsdromen heen, alsof het om niets meer zou gaan dan fantasieën of wensprojecties van de betrokkenen. Overigens vormen aankondigingsdromen één van de steeds weer gemelde constanten van het reïncarnatieonderzoek. Ze treden volgens Ian Stevenson overal ter wereld op (Stevenson, 1987).

Ongeverifieerde gevallen

Ook in casussen waarbij men de uitspraken van een kind niet kan traceren tot een concreet vorig leven, is er vaak sprake van aankondigingsdromen. Er is alle reden om aan te nemen dat ze in sommige gevallen net als bij verifieerbare reïncarnatieherinneringen echt te maken kunnen hebben met aanwijzingen over het kind dat geboren zal worden. Een mooi voorbeeld is de casus van S. uit Amsterdam dat uitvoerig aan bod komt in mijn boek Parapsychologisch onderzoek naar reïncarnatie en leven na de dood. Haar moeder Leora Rosner vertelde me over verschillende dromen die voorafgingen aan de

geboorte van S. die zich later een leven herinnerde tijdens de Holocaust. Eén daarvan beschreef ze als volgt: "Ik stond in een ruimte van cement of beton. Het leek een grote ruimte. In het midden van de ruimte bevond zich een grote stapel lijken. De lijken droegen kleren (ik realiseerde me dat dit het gemakkelijker voor me maakte om naar de lijken te kijken). Vervolgens bevond ik mij buiten waar ik met een meisje opliep dat ik inschatte als ongeveer negentien jaar oud. Ze had een lichte huid en heel donker, misschien wel zwart, krullend haar tot op haar schouders. Haar ogen waren al even donker, zelfs zo donker dat ze op zwarte, brandende kolen leken. Ze droeg een jas die tot
halverwege haar kuiten reikte en die er uitzag als een jas uit de jaren dertig of veertig. Ik weet niet meer wat ze aan haar voeten droeg. We communiceerden telepathisch met elkaar terwijl we verder liepen over een smal pad. Aan de linkerkant was er een witte muur te zien. Op een gegeven moment stopte het meisje. Ze hield haar rechterhand omhoog en wees op een huis met een soort railing en zei: 'Daar zal ik geboren worden!'". Opmerkelijk genoeg herkenden Leora en haar man Ed later pas, na een verhuizing, de railing en de witte bakstenen muur uit de droom van Leora bij hun nieuwe woning. Het huis bleek nog niet eens bestaan te hebben toen Leora erover droomde. Bij haar geboorte had S. overigens dezelfde donkere ogen en haren als de jonge vrouw. Hoewel haar herinneringen grotendeels onverifieerbaar zijn, is het verder een klassiek geval. Zo herinnerde S. zich het genoemde vorige leven ongeveer vanaf haar derde.
De moeder van Ma Tin Aung Myo uit Birma (Stevenson, 1997) droomde drie keer dat een gedrongen Japanse soldaat met een ontbloot bovenlijf en in een korte broek haar volgde en zei dat hij bij haar en haar man zou komen leven. Haar kind, een meisje, vertoonde later een fobie voor vliegtuigen en zei dat ze een Japanse soldaat was geweest tijdens de Tweede Wereldoorlog. Ze was een kok geweest en een vliegtuig was over het dorp gevlogen en had haar daarbij gedood. Ze kwam naar eigen zeggen uit Noord-Japan, was getrouwd geweest en had kinderen gehad. Ze beschreef haar kleren en hoe ze gedood was.
Carol Bowman citeert een vader met een opmerkelijke ervaring rond de identiteit van zijn zoon (Bowman, 2001, blz. 229-233):
"Vlak voor zijn geboorte werd ik omhuld door een heel sterke kracht en voelde dat mij een boodschap werd gegeven. (...) Mijn eerste gedachte was dat dit een engel was die me een boodschap wilde overbrengen. Ik zag geen op engelen lijkende wezens, maar kon wel een aanwezigheid

ervaren die ik recht boven me en iets vóór me voelde. (...) De boodschap die ik ervoer, was deze: 'Dit kostbare kind is één van de mariniers die in 1983 omkwamen bij een explosie in de kazerne in Beiroet. Je moet hem beschermen! Hij zal dit leven beginnen met angsten die hem door deze gebeurtenis zijn bijgebleven, zoals angsten voor harde geluiden. Je moet hem goed beschermen en hem helpen deze angsten te overwinnen.' (...) Op een avond, toen Mark vier jaar was, hoorde ik hem toen ik langs zijn slaapkamerdeur liep zachtjes snikken. Het was ongeveer half negen 's avonds en Mark sliep meestal al zo'n beetje rond zeven uur. Zachtjes opende ik de deur op een kiertje om naar binnen te kijken. Mark zat op zijn knieën op het bed met zijn hoofd in zijn handen te snikken. Ik had hem nog nooit eerder zó zien huilen. (...) Hij schudde alleen maar verdrietig zijn hoofd en zei: 'Ze zijn allemaal weg.' Ik dacht even na, omdat ik niet wist wat ik moet zeggen, terwijl Mark bleef doorsnikken. Toen vroeg ik: 'Waar zijn je vrienden?' Hij zei: 'Ze liggen onder de rotsblokken, de grote rotsblokken. Ze zijn allemaal weg.'

Andere soorten aankondigingservaringen

Sommige aankondigingen over de ziel die bij een aankomende moeder geboren zal worden zijn niet verwerkt in dromen, maar doen zich voor als verschijningen van de geest van het kind of van engelen, bewuste visioenen, stemmen of ingevingen.

De moeder van 'Christina' (pseudoniem), een Nederlands meisje uit Malden (Rivas, 2000b) dat zich naar alle waarschijnlijkheid een vorig leven herinnerde in het Spijkerkwartier te Arnhem beëindigd door een tragische brand, had bijvoorbeeld een soort visioenen gehad van een meisje (en haar broertje) die verband zouden houden met haar dochter.

Ook na de geboorte kunnen er nog ervaringen plaatsvinden die duidelijk verwant zijn aan aankondigingservaringen. De Turkse Fatma Ekici (Stevenson, 1997), moeder van Mahmut Ekici droomde bijvoorbeeld dat deze na zijn geboorte, toen hij constant huilde, als baby aan hem verscheen. Hij zag er dus uit zoals hij nu was, maar kon wel spreken als een volwassene en hij zei: "Ik heb al mijn geliefden verlaten om bij jou te komen en jij klaagt over mij."

In zogeheten *departure dreams* (vertrekdromen) dromen ouders of andere familieleden uit het vorige leven over de bestemming van de overledene in een volgend aards leven (Stevenson, 1987, 1997). Soms laten hun geliefden daarin ook zien waar en bij wie ze reïncarneren of al wedergeboren zijn. In enkele gevallen klagen ze daarbij ook over de huidige situatie, bijvoorbeeld over het gegeven dat er thuis veel gedronken wordt. Naar het schijnt stellen dit soort dromen nabestaanden soms in staat om de overledene in zijn of haar nieuwe gedaante terug te vinden. Van dit gegeven maken onder meer Tibetaanse monniken dankbaar gebruik tijdens hun speurtocht naar een overleden lama.

Aankondigingsdromen en cultuur

In het algemeen komen er betrekkelijk veel dromen voor waarin kinderen verklaren bij hun aankomende ouders te willen blijven. Zoals bij de meeste dromen het geval is, passen ze zich daarbij ook aan culturele verschillen in opvatting aan (Stevenson, 1997). Bij de Tlingit-indianen in Alaska zijn er vaak dromen waarin de geest van een overledene aankondigt dat hij in een bepaalde familie wil reïncarneren. In zo'n droom komt een overledene bijvoorbeeld een huis ingelopen met een koffer en zet deze in een slaapkamer neer. In Myanmar daarentegen doen geesten vaak een verzoek aan de moeder-in-spe om bij haar te mogen blijven. Ze zouden dat vaak doen vóór de conceptie.
Bij de Druzen gelooft men dat een ziel direct na haar dood reïncarneert in een nieuw lichaam ('instant reïncarnatie') waardoor men precognitieve aankondigingsdromen zou krijgen, die plaatsvinden voor de conceptie en dus ook vóór de dood van degene die uiteindelijk zal reïncarneren. Dit soort verschillen kun je verklaren vanuit de menselijke neiging om ervaringen die niet overeenkomen met je verwachtingspatroon grotendeels te onderdrukken. Zodat vooral die ervaringen overblijven die men goed kan plaatsen. Maar desondanks komen er ook aankondigingsdromen voor in kringen die daar eigenlijk niet in geloven of geen waarde aan hechten. Het verschijnsel is dan ook zeker niet weg te verklaren als niet meer dan een culturele constructie.

Aankondiging zonder bewuste herinneringen aan vorige levens

De laatste jaren is er ook onder mensen die niet in vorige levens geloven aandacht voor aankondigingservaringen. Er zijn zelfs websites waarop dit soort ervaringen wordt vermeld. De meest opvallende zijn wel die van Sarah Hinze en haar man dr. Brent Hinze, www.prebirth.com/prebirth/, en www.light-hearts.com van Elisabeth Hallett schrijfster van Soul Trek. De Hinzes laten allerlei aankondigingservaringen de revue passeren bij mensen die niet in reïncarnatie geloven. Veel van die ervaringen komen minder overtuigend over dan aankondigingsdromen bij reïncarnatiegevallen. Ze lijken soms op niet meer dan droomprojecties van fantasieën of overpeinzingen over het geslacht van het ongeboren kind en meer van dergelijke diepzinnige onderwerpen. Dit gaat echter niet altijd op. Sommige ouders dromen bijvoorbeeld over geesten in het wit of wezens van licht die hen een kind toevertrouwen. John Denver zou dat hebben meegemaakt en daarbij gezien hebben dat het gezicht van het kind in zijn droom overeenkwam met het gezicht van zijn zoontje.

Merkwaardig genoeg noemen veel kinderen bij aankondigingservaringen zonder reïncarnatieherinneringen zichzelf wel bij een specifieke naam, die net als bij Necip overeen zou kunnen komen met hun vorige aardse naam. Andere ouders zien verschijningen van volwassenen of kinderen die aankondigen dat ze bij hen geboren zullen worden (Hinze, 1996; Hallett, 1995). De moeder van 'Kees' die zich een leven als Armand herinnerde wou haar kind aanvankelijk 'Arjan' noemen (Rivas, 2000b).

Ook bij miskramen en overwogen abortussen komen ervaringen voor die volgens de ouders zelf wijzen op vaak troostend contact met de ziel van het kind dat bij hen geboren zou worden. Dit soort ervaringen zou wel eens een serieus parapsychologisch argument kunnen zijn om abortus in bepaalde individuele gevallen af te wijzen. Niet vanuit een religieus dogma, maar vanuit reële ervaringen en zonder de keuzevrijheid in het algemeen aan te tasten.

Ervaringen met betrekking tot de tussenperiode van het kind

Sommige ervaringen hebben betrekking op de periode tussen twee aardse incarnaties van de ziel die bij een bepaalde moeder wedergeboren zal worden. Sarah Hinze noemt ervaringen van mensen die een BDE hebben gehad en daarbij contact kregen met een ziel die op het punt stond geboren te worden.

Genoemde Leora Rosner, de moeder van S., had een paar weken voor diens geboorte twee op elkaar aansluitende dromen. Ze zag hetzelfde meisje uit haar eerste droom (zie boven), die voor Leora stond, terwijl het tegelijk leek alsof Leora en het meisje deel van elkaar uitmaakten. Ook zag ze een oud huis op een ranch. Er was een veranda om het hele huis heen en daarop zaten ongeveer zeven tot acht mensen. In de tweede droom zag ze dezelfde mensen en opnieuw bevond ze zich achter het

meisje terwijl ze ook onderdeel van haar uitmaakte. Maar nu bevond men zich in een donkere kamer waarin alleen een tafel door een daarboven hangende lamp verlicht werd. Het deed Leora denken aan een soort spionagefilm. De mensen achter de tafel begonnen met een ondervraging: "Heb je de juiste beslissing genomen? Weet je zeker dat je dit wilt doen? Wil je dit doorzetten? Weet je zeker dat je bij deze mensen wil zijn? Blijf je bij je besluit?" Ze gingen maar door met hun vragen en elke keer antwoordde het meisje: "Ja! Ik ben er zeker van. Ik wil bij deze mensen zijn. Ja, ik wil ermee doorgaan. Nee, ik wil niet van gedachte veranderen. Ja, ik heb de juiste beslissing genomen."
Dit leek nog een tijdje zo door te gaan. Leora was verbaasd dat ze erbij mocht zijn en dat ze haar niet schenen op te merken. Ze voelt zich ook nu nog vereerd dat ze dit allemaal mocht meemaken. Het mooie aan deze dromen is dat ze qua thematiek overeenkomen met herinneringen aan een tussenperiode waarin geesten of zielen voor de keuze staan bij wie ze gaan reïncarneren.

Wat leren we van authentieke aankondigingservaringen?
Uit het bovenstaande kunnen we opmaken dat er hoe dan ook aankondigingservaringen zijn die echt betrekking hebben op de identiteit van het kind en soms ook op zijn of haar ervaringen in de tussenperiode. In sommige gevallen kan men dit opvatten als een soort helderziendheid van de ouders of hun omgeving. In andere, waarschijnlijk de meeste gevallen zal er echt sprake zijn van communicatie met de overledene die op het punt staat te reïncarneren. In weer andere gevallen is er mogelijk contact met een wezen van Licht dat verbanden en bedoelingen van de loop der dingen duidelijk maakt of uitlegt hoe het met een kind gesteld is vanwege ervaringen in vorige levens.
Sommige aankondigingservaringen laten ook zien dat een geest hoe dan ook bij een bepaalde moeder of in een bepaalde familie wil reïncarneren. Dit komt weer mooi overeen met tussenperiodeherinneringen (TPHs) van kinderen die vertellen dat een engel hen verschillende mensen liet zien waaruit ze mochten kiezen om bij wedergeboren te worden (Rivas, 2000b). Volgens verscheidene schrijvers geeft dit ook aan dat abortus niet altijd de beste keuze hoeft te zijn, omdat een ziel werkelijk bij een bepaalde moeder of bepaalde ouders wedergeboren wil worden en niet bij iemand anders. In feite zou een abortus daarbij de keuze van een ziel doorkruisen, terwijl die keuze

ook weer te maken kan hebben met oude banden uit vorige levens. Het lijkt mij echter ook weer erg sterk dat een geestelijk gezonde ziel een kandidaat-moeder echt zou willen 'dwingen' tot het uitdragen van een voor haar zelf ongewenste zwangerschap. Hoe dan ook kan dit gegeven wel gebruikt worden om te benadrukken dat mensen echt serieus werk moeten maken van voorbehoedsmiddelen als ze (op dat moment) nu eenmaal geen kinderen willen.

Bepaalde uitspraken van jonge kinderen die zich een vroegere incarnatie herinneren, lijken te wijzen op het doorwerken van oude persoonlijke relaties uit vorige levens. Zo zei een Nederlands meisje van vijf tegen een volwassen vriendin van haar dat ze deze een keer had opgevangen toen zijzelf haar moeder was in een vorig leven. Ook aankondigingsdromen kunnen wijzen op oude banden tussen zielen die één of meer levens teruggaan.

Heel algemeen geven dit soort ervaringen in mijn optiek weer eens goed aan dat een ziel of geest (anders dan sommigen ons willen doen geloven) echt een persoonlijke ziel is. Een kind is geen nieuw wezen, maar een reeds bestaande ziel die slechts aan een nieuw leven begint, in een nieuw lichaam. Er blijft zoals blijkt uit TPHs en aankondigingservaringen in de tussenperiode een vorm van subjectief bewustzijn bestaan. Ook na de geboorte pikt het kind duidelijk zijn eigen psychologische draad weer op en niet die van een andere ziel. Het gaat, zoals Elisabeth Hallett (1995) terecht benadrukt, om een eigen, persoonlijke evolutie waar niet alleen het huidige persoonlijke leven onderdeel van uitmaakt, maar ook de eigen vorige levens, de eigen tussenperiodes en de eigen toekomstige levens (vergelijk: De Jong, 2001; Rivas, 2003c). We zijn geen 'tijdelijke, onbelangrijke marionetten' van een bovenpersoonlijke ziel, die vooral geen al te hoge dunk van onszelf zouden moeten hebben als vluchtige en vergankelijke ego's, maar we zijn die zielen zèlf. Dat is geen triviaal verschil in opvatting denk ik. Jammer genoeg worden dit soort kwesties nog wel eens vertroebeld doordat men het personalisme en het persoonlijk overleven na de dood ten onrechte opvat als egoïstische concepten (Rivas, 1996b; 2000b). Terwijl ze als weinig andere zouden kunnen inspireren tot spirituele eigenwaarde en liefde voor anderen. Een liefde die helemaal in overeenstemming is met de geest van veel aankondigingservaringen.

Moeders en anderen die aankondigingservaringen hebben gehad kunnen contact met mij opnemen (zie het adres achter in dit boek).

Hoofdstuk 11. Ervaringen met geesten

Er bestaan nogal wat mensen die denken dat alle verhalen over communicatie met geesten gewoon berusten op bedrog en sensatie. Dit is in ieder geval volkomen onjuist. Om echter te geloven dat alle geesten echt manifestaties van overledenen of natuurgeesten zijn, is al even ongefundeerd. Waarschijnlijker is het dat menselijke ervaringen met geesten niet allemaal één en hetzelfde soort verschijnsel betreffen.

Geesten

Mensen hebben van oudsher ervaringen gehad met allerlei soorten geesten. Deze wezens zijn in ieder geval in te delen in menselijke geesten van overledenen of voorouders, en niet-menselijke geesten. Bij niet-menselijke geesten horen goden, dieren, engelen, natuurgeesten, totems en demonen. Er bestaat geen aanleiding om ervan uit te gaan dat de meldingen over ervaringen met niet-menselijke geesten allemaal berusten op bedrog, en dat alleen ervaringen met menselijke geesten betrouwbaar zijn. Zowel ervaringen met overledenen als met niet-menselijke geesten worden met zekerheid door levenden als authentiek beleefd. Dit heeft een belangrijke consequentie. Als we aannemen dat alle meldingen niet alleen authentiek zijn, maar ook echt neerkomen op contact met externe, reële wezens, moeten we concluderen dat alle waargenomen niet-menselijke geesten (en dus niet alleen overledenen) werkelijk bestaan. Maar die conclusie is om twee redenen onaanvaardbaar. Ten eerste zijn sommige wezens waarmee men bij visionaire ervaringen communiceert duidelijk niet meer dan mythologische abstracties van allerlei krachten. Ten tweede, en dit is nog belangrijker, is er geen plaats voor alle niet-menselijke geesten in de werkelijkheid, omdat die geesten incompatibel met elkaar zijn. Er is in de objectieve realiteit geen plaats voor een echte Apollo èn een reële Heilige Maagd Maria èn werkelijke Umbanda-godheden uit Brazilië. Dat is domweg uitgesloten, omdat die bovennatuurlijke wezens alleen zinvol als scherp afgebakende entiteiten kunnen bestaan binnen een wereldorde die het bestaan van andere (soorten) goden en heiligen uitsluit. Wat dus betekent dat de meeste niet-menselijke geesten iets anders moeten zijn dan wat ze lijken. Maar als we inderdaad alle geesten op een zelfde manier willen verklaren, impliceert het voorgaande dus dat *alle* geesten iets anders moeten zijn dan wat ze voorgeven te zijn.

Er zijn volgens mij drie theorieën die alles willen herleiden tot één fenomeen mogelijk:

a) alle geesten zijn bedriegers, namelijk demonen (eerste reductionistische externalistische verklaring),

b) Alle geesten zijn bedriegers, namelijk 'aardgebonden' overledenen (tweede reductionistische externalistische verklaring),

c) Alle geesten zijn projecties uit het onbewuste van levenden (reductionistische internalistische verklaring).

Demonen

Stel eens dat alle waargenomen geesten (zowel menselijk als niet-menselijk) in werkelijkheid demonen zijn, zoals wel beweerd is door christelijke tegenstanders van spiritisme. Wat zijn demonen voor wezens? Demonen zijn negatief ingestelde niet-menselijke geesten die proberen zoveel mogelijk onheil over levenden af te roepen. Ze zijn op één ding uit: mensen in verwarring en op het verkeerde pad brengen en hen laten verloederen en degenereren.

Als we dit model van demonen toepassen op alle ervaringen die mensen met geesten hebben gehad, dan blijkt het zeker niet altijd adequaat. Er zijn allerlei ervaringen bekend, religieus en spiritistisch, die alleen maar als positief beleefd werden en die in plaats van verwarring alleen maar vreugde, troost, hoop en levenslust hebben gebracht. Geen spoor van negativiteit in zulke gevallen. Het lijkt dus onmogelijk om alle geesten af te doen als demonen.

Aardgebonden overledenen

Onder aardgebonden zielen verstaat men overledenen die zich vanwege hun vroegere levensstijl niet los zouden kunnen maken van de aardse sfeer met zijn bezit en sensualiteit. Ze proberen levenden te paaien om interessant te worden gevonden en zo in contact te blijven met deze wereld. Hun boodschappen zijn banaal en bombastisch.

Ook deze theorie lijkt zeker niet van toepassing op alle ervaringen met geesten, omdat mensen hierbij soms zeer persoonlijke informatie uitwisselen, of omdat de geesten op andere dingen uit lijken dan alleen maar op aandacht en contact met willekeurige aardbewoners.

Projecties

Met projecties bedoel ik uitingen van onbewuste verlangens, angsten of symbolen in de vorm van schijnbaar externe geesten.

De psychologische theorie dat alle geestenzien alleen maar neerkomt op projecties van het onbewuste, is waarschijnlijk populairder dan de vorige theorieën. Binnen de theorievorming rond mediumschap spreekt men wat dat betreft van animisme, zoals al in voorgaande hoofdstukken aan bod is gekomen.

Dat er bij communicatie met geesten soms paranormale informatie komt kijken, is daarbij geen steekhoudend bezwaar omdat paranormale vermogens nu juist in de onbewuste geest kunnen sluimeren en dus in theorie ook verwerkt kunnen zijn in projecties.

In principe lijken alle geesten (inclusief goden en andere niet-menselijke entiteiten) die voorafgaand aan de communicatie bekend waren aan de levenden zeker uitgelegd te kunnen worden als projectie. Dat wil zeggen, tenzij er een onverwachte paranormale boodschap van een bekende overledene in het spel is, met nieuwe informatie.

Maar geesten zijn niet altijd bekend bij de levenden met wie ze in contact treden. Wat dit betreft zijn er bijvoorbeeld verhalen van communicatie van overledenen met levenden die hen niet kenden. Zo'n verhaal van een toevallige (onbekende) aanwipper, in het Engels aangeduid als *drop-in communicator*, is beschreven door Alan Gauld. Het geval draait om een groepje mensen in Cambridge dat tijdens en na de Tweede Wereldoorlog séances hield met een zogeheten ouija-bord. Er waren 11 gelegenheden waarbij er een aanwipper doorkwam. Tijdens een aantal zittingen tussen 1950 en 1952 diende zich klaarblijkelijk een geest aan die zich 'Harry Stockbridge' (pseudoniem) noemde en de volgende gegevens over zichzelf verstrekte (Alan Gauld, blz. 68):

"Second Loot verbonden aan Northumberland Fusiliers. Gestorven veertien juli zestien.

Tyneside Scottish
Lang, donker, dun. Bijzondere kenmerken grote bruine ogen."

Dr. Gauld onderzocht dit geval pas in 1965. Hij vond een Second Lieutenant H. Stockbridge in een boek getiteld Officers died in the Great War of 1914-1919. Deze militair zou bij de Northumberland Fusiliers hebben gehoord en gesneuveld zijn op 19 (en dus niet 14) juli 1916. Alan Gauld trok deze overlijdensdatum bij het Army Records

Centre na en deze instantie verklaarde dat de juiste datum wel degelijk 14 juli was!

Vervolgens bleek dat Stockbridge geboren was in Leicester in 1896. Alan Gauld slaagde erin zijn broers te traceren en die bevestigden dat Harry lang, donker en dun was en dat hij grote bruine ogen had. Bovendien wist Gauld vast te stellen dat niemand van de aanzitters deze gegevens op een normale manier had kunnen achterhalen.

Dit soort gevallen maakt dat we niet zomaar mogen concluderen dat alle geesten alleen maar projecties zijn uit het onbewuste van levenden. Er is namelijk geen link met het medium of de aanzitters die deze verklaring aannemelijk maakt. Hoe meer gedocumenteerde toevallige aanwippers en hoe sterker het bewijsmateriaal, des te groter de zekerheid dat er bij sommige vormen van communicatie met geesten werkelijk sprake is van overledenen die contact trachten te leggen met levenden.

Hetzelfde geldt voor spontane verschijningen van onbekende overledenen aan mensen die hen nooit hebben gekend, waarbij de geesten boodschappen doorgeven over zaken die ook weer geverifieerd blijken te kunnen worden.

Hoe belangrijk projecties ongetwijfeld ook zijn als verklaring van veel geestverschijningen, ze lijken toch niet alles te kunnen verklaren. Er zijn goede gronden om te geloven dat er werkelijk contacten plaatsvinden tussen overledenen en levenden.

Reductionisme is niet op zijn plaats

Maar daarmee is het dan duidelijk geworden dat het misplaatst is alle contacten met geesten onder één theorie te willen brengen. Niet alle geesten zijn overledenen en niet alle geesten bestaan alleen maar als projecties uit iemands onbewuste. Maar hoe kun je dan onderscheid maken tussen ervaringen?

Zoals ik al zei, is het paranormale gehalte van een geval op zichzelf nog geen goede toetssteen voor de bron van de geest waar men mee communiceert. In plaats daarvan denk ik dat onbekendheid met de geest in kwestie het beste wetenschappelijke criterium is.

Als iemand de Maagd Maria ziet, terwijl hij nooit over haar gehoord kan hebben (bijvoorbeeld een lid van een nog onbekende geïsoleerde stam uit het stenen tijdperk) hebben we geen reden om de verschijning als projectie te beschouwen. Terwijl we dat natuurlijk wel hebben als het om een gelovige katholiek gaat.

Als iemand aan de andere kant bijvoorbeeld een overledene ziet die hij of zij ontzettend mist, is er zo over het algemeen ook geen doorslaggevende reden om te veronderstellen dat het om iets meer gaat dan projectie. Uitzonderingen draaien om gevallen met paranormale informatie van een bekende overledene, waar levenden van tevoren totaal niet van op de hoogte en daardoor ook niet op uit waren.

Mijn criterium laat zich vertalen als: *bekend betekent projectie, onbekend betekent een extern wezen, tenzij er paranormale informatie van een bekende in het spel is waar men niet op uit was*. Maar hier moeten nog twee condities aan worden toegevoegd.
a) Als de geest niet alleen aan de waarnemer zelf maar ook daarbuiten volstrekt onbekend is, zowel in de mythologie, folklore of religieuze overlevering, als ook als historische overledene, is er geen reden om aan te nemen dat het gaat om een extern wezen. Zo kan door iemand geesten zien die volstrekt ahistorisch lijken, of mythologisch overkomende figuren die niet terug te vinden zijn in mythen. Projectie is dan toch de waarschijnlijkste hypothese.
b) Indien de overledene aan onbekende derden vertelt dat hij heeft gecommuniceerd met een levende die hij al voor zijn dood kende, en zijn verhaal komt overeen met dat van die levende, is er alsnog reden om aan te nemen dat er echt contact was.
Zo'n uitzonderingsgeval lijkt op het eerste gezicht onwaarschijnlijk, maar het komt wel degelijk voor. Bijvoorbeeld bij betrouwbare gevallen van herinneringen aan vorige levens bij jonge kinderen. In sommige gevallen meldt het kind, zoals we in vorige hoofdstukken hebben gezien, herinneringen aan een toestand tussen dood en wedergeboorte. In aantal van deze gevallen weet het kind bovenden dat het in die tussenperiode in aanraking is geweest met bekende levenden.
Vervolgens bevestigen die bekenden (familieleden en anderen) dat ze in diezelfde periode soortgelijke ervaringen hebben gehad. Een duidelijk geval dat hier op wijst is dat van Veer Singh, bestudeerd door Ian Stevenson. Deze Indiase jongen, geboren in 1948, herinnerde zich een leven als ene Som Dut die in 1937 op ongeveer vierjarige leeftijd was overleden. Veer Singh herinnerde zich ook gebeurtenissen uit de periode tussen 1937 en zijn reïncarnatie. Boeiend in dit verband is met name zijn herinnering dat hij als geest familieleden zou hebben vergezeld die alleen op stap gingen. Dit komt overeen met een droom van de moeder van Som Dutt. Enkele maanden na zijn dood verscheen hij in haar

116

droom. Hij zei dat zijn oudere broer 's nachts naar jaarmarkten zou gaan en dat hij hem daarbij zou begeleiden. Som Dutts moeder had niet geweten dat haar oudere zoon uit zou gaan, en na de droom bevestigde de zoon dit tegenover haar en later ook ten overstaan van Stevenson.

Overigens is er volgens mij ook enig bewijsmateriaal voor het bestaan van niet-menselijke geesten, namelijk in gevallen waarin mensen door ongeïdentificeerde wezens van licht gered werden van rampen en ongelukken. Het is heel merkwaardig dat dit type gevallen vaak op elkaar lijkt.

Tenslotte nog een opmerking over meerduidige gevallen. Ik denk zoals gezegd dat de parapsychologie 'streng' moet zijn ten behoeve van een zuivere theorievorming en alleen mag aannemen dat er echt externe wezens in het spel zijn als de projectieverklaring niet voldoet. Maar dit wil helemaal niet zeggen dat daarmee ook opeens bewezen is dat alle gevallen die als projectie verklaard zouden kunnen worden ook echt voorbeelden van projectie zijn. Iemand houdt dus het volste recht om vanuit persoonlijke intuïties in een externalistische verklaring van zijn ervaringen te blijven geloven. Ook als dat in een concreet geval wetenschappelijk gezien niet noodzakelijk is. Een kritische houding impliceert zo wel wetenschappelijke zuinigheid en zorgvuldigheid bij theorievorming, maar geen dogmatisch sciëntisme of sciëntalisme, dat wil zeggen het pertinent ontkennen van al datgene wat (nog) niet wetenschappelijk aangetoond lijkt te kunnen worden.

Hoofdstuk 12. Spoken bestaan: geestverschijningen met paranormale informatie

Het gaat niet goed met de skeptici. Ondanks hun verwoede pogingen om de parapsychologie systematisch in diskrediet te brengen, doet deze nog steeds onverdroten van zich spreken. Het is dan ook niet verwonderlijk dat de 'grenswachters van de wetenschap' alles in het werk stellen om het tij te keren. Zo publiceerden kwaliteitskranten onlangs een bericht over de ontdekking van een deel van de hersenen dat alle uittredingservaringen zou kunnen wegverklaren. Een medisch programma bij een publieke omroep voegde daar nog korter geleden een bericht aan toe over een ander gebiedje in het centrale zenuwstelsel dat bij sommigen zou leiden tot een irrationeel geloof in het paranormale. Nu moeten domweg alle parapsychologische verschijnselen het ontgelden als het aan de skeptici ligt, maar in sommige gevallen krijgen ze meer bijval van leken dan anders. Telepathie wordt reeds door velen geaccepteerd als authentiek fenomeen, maar dat geldt bijvoorbeeld een stuk minder voor geestverschijningen. Bange kinderen die 's nachts graag het licht op de gang laten branden krijgen meestal nog steeds te horen dat spoken niet bestaan.

Hallucinaties

Met de Nederlandse uitdrukking "Je ziet spoken" duiden we aan dat iemand ergens bang of bezorgd over is wat er niet eens is. De uitdrukking verwijst naar hallucinaties waarbij mensen allerlei dingen zien (horen, ruiken, etc.) die niet overeenkomen met de realiteit buiten hen. Er klinkt in door dat spookverschijningen als het ware vanzelfsprekend zouden behoren tot de dingen die niet bestaan. Hallucinaties zijn onder te verdelen in diverse categorieën. Er zijn enerzijds organische (somatogene) hallucinaties die voortkomen uit psychiatrische stoornissen met een neurologische (fysiologische) component, drankmisbruik en (hard) drugsgebruik. Daarnaast heb je de psychogene hallucinaties die het gevolg zijn van onbewuste psychologische processen. Een voorbeeld daarvan is het geval van de 13-jarige Maya P. dat ik zelf onderzocht heb. Maya's ervaringen begonnen met een stem die tegen haar leek te praten. Ze besteedde daar aanvankelijk weinig aandacht aan, maar eind december 1986 of begin januari 1987 kreeg ze voor het eerst een verschijning te zien van een jong, blond meisje met blauwe ogen van een jaar of tien. Het meisje droeg een wit katoenen jurkje en liep op blote voeten. Ze zag eruit als een gewoon mens, maar kon niet worden aangeraakt. Maya sprak geregeld met het kind; ook waar haar moeder en oma bij waren. Deze zagen zelf overigens niets en vroegen zich af tegen wie Maya toch aan het praten was.

De verschijning noemde haar naam niet, maar gaf Maya in plaats daarvan een soort puzzel op. Ze moest uit letters die het meisje haar gaf de voor- en achternaam van de geest zien samen te stellen. Maya slaagde er eerst niet in, maar toen ze Temmigje Rijkse had gevormd bevestigde de verschijning dat dit haar naam was. Namen van mensen die Temmigje tijdens haar leven gekend zou hebben, kreeg Maya echter wel direct van haar tee horen. Ze vertelde haar na verloop van tijd ook dat ze begin 19 eeuw op het Utrechtse bolwerk de Manenburg gewoond zou hebben en beschreef haar leefwijze en vroegtijdige dood door verdrinking op zeer jonge leeftijd. Uiteindelijk ging Maya naar het Gemeentearchief van Utrecht en speelde het naar eigen zeggen klaar om de uitspraken van Temmigje, inclusief de opgegeven namen, te verifiëren in aanwezige boeken over de Manenburg.

Het contact met Temmigje bleek zich na enige tijd echter ongunstig te ontwikkelen voor Maya. Ze domineerde haar en gaf haar opdrachten die ingingen tegen Maya's belangen, alsof ze een soort kwelgeest was. Maya ging zich vreemd gedragen op school en haar punten kelderden naar beneden. Ook had ze een keer het gevoel dat ze door Temmigje op de grond werd geworpen bij een spoorwegovergang, met de bedoeling dat ze overreden zou worden door een trein. Bij een andere gelegenheid ervoer ze dat Temmigje haar krabde waarna er een onverklaarbare wond op haar huid verscheen.

Ik heb zelf meermalen het Utrechtse Gemeentearchief bezocht om erachter te komen of de gegevens die Temmigje zou hebben verstrekt al dan niet gemakkelijk door Maya zelf opgezocht zouden kunnen zijn. Dit bleek inderdaad veel gemakkelijker dan men op het eerste gezicht zou denken. Bovendien kwam ik erachter dat sommige van de gegevens die Temmigje zou hebben verstrekt, waaronder nota bene haar eigen voornaam en de verdrinkingsdood op jonge leeftijd, niet overeenkwamen met de gegevens in het archief. De voornaam van ééén van de bewoners van de Manenburg aan het begin van de 19 eeuw luidde Femmigje (ook bekend als Femmetje) Rijkse en een Temmigje werd niet vermeld. Maya had het tegenover mij gehad over een oud boek waarin alle namen die Temmigje zou hebben genoemd stonden opgetekend en dat haar werd getoond door een archivaris. In het enige boek in het Gemeentearchief dat overeenkwam met een dergelijke beschrijving bleek de naam slordig te zijn genoteerd: het streepje dat de handgeschreven F van de T onderscheidt, bleek te zijn verdwenen. Dit gegeven en nog andere details overtuigden mij ervan dat Maya de namen niet van tevoren van Temmigje had gekregen, maar pas in het archief zelf (voor een deel onnauwkeurig) had verzameld.

Temmigje werd uiteindelijk verjaagd uit Maya's leven door middel van een Hindoestaans exorcistisch ritueel uitgevoerd door Pandit Ramsoedit. Psychologisch gezien kan het geval worden opgevat als een vorm van dissociatie waarbij er schijnbaar een secundaire persoonlijkheid buiten de persoon zelf geprojecteerd werd, alsof het iemand anders zou betreffen. Maya bleek moeilijke jaren achter de rug te hebben en zichzelf in het algemeen niet thuis te voelen in het heden, twee factoren die samen inderdaad kunnen leiden tot spontane meervoudige persoonlijkheid.

Het geval Maya P. wijst uit dat mensen over een lange periode uitgebreide ervaringen met verschijningen kunnen hebben die volledig ontspruiten aan hun eigen onbewuste psychologische processen en dus berusten op psychogene (visuele en auditieve) hallucinaties.

Haar ervaringen lijken overigens sterk op gevallen van bezetenheid door demonen en andere bovennatuurlijke wezens. Ook daarbij is er doorgaans geen aanwijzing dat de verschijning berust op een reële, externe entiteit die geen onderdeel uitmaakt van de eigen psyche.

Een minder extreme soort verschijning die neerkomt op psychogene hallucinaties kennen we uit de rouwliteratuur. Mensen kunnen anderen die zij erg missen gaan 'zien' op plekken waar ze vroeger vaak kwamen, maar ook zo maar ergens op straat of in een gebouw dat geen verband houdt met de persoon in kwestie. Het zijn meestal kortstondige droomachtige momenten die al snel gevolgd worden door het besef dat men zich 'vergist' heeft. Opmerkelijk genoeg hoeft het daarbij lang niet altijd om 'verschijningen' van overledenen te gaan. Beelden van afwezige levenden en zelfs van verloren voorwerpen kunnen eveneens in een flits worden (terug)gezien. Dit soort psychogene hallucinaties wordt waarschijnlijk niet alleen veroorzaakt door een verlangen naar het voorwerp van het gemis, maar ook door een neiging van ons geheugen om op specifieke plekken bepaalde beelden te verwachten. Wanneer die beelden niet extern opgeroepen worden, kan het geheugen ze onder bepaalde omstandigheden zelf genereren. Dit kent men bijvoorbeeld van experimenten naar 'sensory deprivation', waarbij alle zintuiglijke prikkels worden buitengesloten. Zo'n deprivatie kan leiden tot allerlei visioenen, een gegeven dat men zelfs benut in het parapsychologisch Ganzfeld-onderzoek naar ESP.

Paranormale geestverschijningen

Lang niet alle verschijningen van overledenen kunnen worden herleid tot (organische of psychogene) hallucinaties die geen verband houden met een wezen dat losstaat van degene die de verschijning waarneemt. In allerlei contexten komen er ook verschijningen voor met juiste informatie die de waarnemer van tevoren nog niet bezat. W.H.C. Tenhaeff rangschikt dergelijke verschijningen onder de zogeheten 'veridieke hallucinaties'. Het is echter de vraag of dat wel zo'n geschikte benaming is. We weten immers nog niet of dergelijke paranormale verschijningen nooit beelden omvatten van iets fysieks of 'fijnstoffelijks' dat zich werkelijk in de buitenwereld bevindt. De term 'hallucinatie' lijkt dat bij voorbaat uit te sluiten.

Om het nog ingewikkelder te maken, gebruikt Tenhaeff ook nog de term 'pseudo-hallucinatie'. Een pseudo-hallucinatie is een hallucinatie waarvan men anders dan bij pathologische hallucinaties direct door heeft dat het een visioen (of andere subjectieve indruk) betreft en geen normale waarneming van iets externs.

Overigens bedoel ikzelf met de term 'paranormale verschijning' hier alleen verschijningen met paranormale informatie. Er zijn ook verschijningen bekend die wel gepaard gingen met paranormale fysieke verschijnselen maar niet met paranormale informatie. In feite is het geval Maya P. als we de bovenvermelde krabwond serieus nemen daar zelfs een voorbeeld van.

Tenhaeff noemt twee criteria om paranormale verschijningen te onderscheiden van (niet-veridieke) hallucinaties:

- Ten eerste zouden hallucinaties altijd in het geheel van iemands persoonlijkheid passen, d.w.z. 'ik-eigen' zijn, terwijl paranormale verschijningen (en in het algemeen paranormale waarnemingen) 'ik-vreemd' zouden zijn en zich zouden opdringen aan degene die ze waarneemt. Dit is echter geen erg bruikbaar criterium zoals we kunnen zien aan het zojuist genoemde geval van Maya P.

Temmigje werd immers als zeer ik-vreemd ervaren door Maya en ik kwam er pas na een grondige studie achter dat ze hoogstwaarschijnlijk geen op zichzelf staande entiteit was.

- Ten tweede omvatten paranormale verschijningen paranormale informatie over degene die verschijnt. Dit criterium is wel bruikbaar en bovendien voldoende om te mogen spreken over een paranormale verschijning.

Ik onderscheid vier soorten verschijningen van overledenen, waar ik overigens ook verschijningen van overleden dieren toe reken.

Verschijningen tijdens of kort na iemands dood

De zogeheten crisisverschijningen zijn paranormale verschijningen van geliefde personen of huisdieren tijdens of kort na hun overlijden. Hein van Dongen en Hans Gerding noemen een voorbeeld van een dergelijke verschijning. Het betreft ene Hariette Hull uit Jupiter (Florida) die zelf haar ervaring beschrijft (blz. 48): "Als kind was ik op een nacht vast in slaap in ons huis in Frankfort, Michigan, toen ik ergens wakker van werd. Ik zag het maanlicht door het raam schijnen en een pad vormen dat breed uitliep bij het voeteneinde van mijn bed. Terwijl ik naar het licht keek, materialiseerde zich een figuur. Ik herkende onmiddellijk mijn grootvader Karl Wallin. Hij strekte zijn hand uit en zei: 'Zeg August (mijn vader) vaarwel.' Daarna verdween hij. Ik was verschrikkelijk bang en mijn ouders werden wakker van mijn gegil. Mijn vader kwam mijn kamer binnen en ik vertelde hem wat er gebeurd was. 'Opa is dood', zei ik huilend. 'Onzin schatje', zei hij, 'je hebt alleen een nachtmerrie gehad. Opa is zelfs niet ziek'. Mijn vader bleef aan mijn bed zitten totdat ik in slaap viel.

De volgende ochtend om 11 uur werd vader gebeld uit Cadillac, Michigan, waar opa Wallin woonde. Hij was overleden op exact hetzelfde moment dat hij aan mij verscheen."

Een ander voorbeeld wordt vermeld door W.H.C. Tenhaeff in zijn boek Het spiritisme. Het gaat om ene Mevr. W. die hem in 1929 een brief schreef over haar ervaring met een crisisverschijning (blz. 86): "Mevr. P. en haar zoon hebben in de oorlogstijd (1915) gedurende een half jaar bij ons ingewoond. Door het overlijden van de heer P. (zoon van Mevr. P.)

is mevr. P. naar Brussel (waar zij voor het uitbreken van de oorlog woonde) teruggegaan. In april 1927 brachten mijn man en ik mevr. P. te Brussel een bezoek. Bij die gelegenheid wilde mevr. P. mij een bedrag ter hand stellen voor de gastvrijheid, die zij en haar zoon gedurende de bovengenoemde tijd bij ons genoten hadden. Ik wilde dit niet aannemen. Mevr. P. beloofde er zorg voor te zullen dragen dat een bedrag op onze naam zou worden vastgezet. Behalve een kort briefje, direct na dit bezoek geschreven, is er geen enkel contact meer geweest tussen mevr. P. en ons.

In de nacht van 2 dec. 1927, tegen de morgen, zag ik aan het hoofdeinde van mijn bed duidelijk de verschijning van mevr. P. Zij strekte de handen naar mij uit en zeide: Dag Mina, ik ga naar Miel (haar zoon). Dit is voor jou en je man, voor alles wat je voor ons gedaan hebt.' [...] Zo duidelijk zag ik die verschijning voor mij, dat ik kon waarnemen dat zij in nachtkleren was. Haar haar hing los (aan weerskanten een vlechtje). [...] Toen ik 's morgens in de huiskamer kwam, vertelde ik dadelijk nog zeer onder de indruk blijkbaar, mijn man en kinderen hetgeen ik gezien had. Een onderzoek, door dr. W. te Brussel ingesteld, bracht aan het licht, dat mevr. P. - op de dag en het uur waarop mevrouw W. haar had zien verschijnen - in bed in nachtkleren overleden was." Tenhaeff voegt hieraan toe dat er geen enkele normale aanleiding voor mevr. W. was om zich zorgen te maken om mevr. P. of te verwachten dat deze zou overlijden.

Ook van dieren worden overigens verschijningen gemeld, onder meer door Focco Huisman. Een voorbeeld daarvan is het geval van I.M. te Helmond die een grote witte kat signaleerde voor haar deur en later op de schutting van haar tuin, luid en klagend miauwend. Ze wilde naar de poes toe gaan, maar het dier holde steeds voor uit in de richting van de verkeersweg. Ze had de poes nog nooit eerder gezien, maar voelde intuïtief dat er iets niet klopte. Bij de verkeersweg aangekomen, trof zij haar eigen kat dood aan. De witte poes was in het niets verdwenen en is ook niet meer teruggekeerd.

Verschijningen in verband met sterfbedvisioenen

Sommige mensen hebben vlak voordat ze sterven een visioen van een andere wereld waar ze na hun dood naartoe zullen gaan. Ze zien daarbij vaak verschijningen van overledenen. In veel gevallen gaat het daarbij om mensen van wie de stervende reeds wist dat ze overleden waren. Er zijn echter ook gevallen waarin dat niet het geval was. Dergelijke gevallen worden aangeduid met de term *Peak in Darien*-gevallen, verwijzend naar de laatste regel van een vers van de dichter John Keats dat vertaald als volgt luidt:

"Toen voelde ik mij als een beschouwer van de hemel
Wanneer een nieuwe planeet zijn gezichtsveld binnenzweeft;
Of als de stoutmoedige Cortez wanneer hij met zijn arendsogen
Naar de Stille Zuidzee keek -en al zijn mannen
Keken elkaar met een milde blik van onderwerping aan
Zwijgend op een bergtop in Darien"

Het gedicht drukt de verbijstering en eerbied uit van iemand die zojuist een belangrijke ontdekking heeft gedaan. De term Peak in Darien-gevallen wordt overigens vaak afgekort tot Darien-gevallen. Wellicht het bekendste van dit soort gevallen betreft twee Engelse zusters. Ian Currie beschrijft het als volgt (blz. 108):
"Op 12 januari 1924 kreeg Doris B., nadat ze in het Mothers Home in Clapton, Engeland, een baby had gekregen, een hartverlamming. Haar zuster Vida was twee weken eerder, op Kerstdag, overleden. Omdat Doris ten tijde van Vida's dood ernstig ziek was geweest, had de hoofdverpleegster van het ziekenhuis, Miriam Castle, haar familie aangeraden Doris niet te vertellen dat haar zuster dood was. Wat Doris vlak voor haar overlijden overkwam, werd meegemaakt door haar man, haar moeder en Miriam Castle. Op het moment dat Doris in de dood wegzonk, riep ze plotseling uit: 'Ik zie vader; hij wil dat ik kom.'" Ian Currie haalt de verklaring van haar moeder aan: "Ze zei tegen haar vader: 'Ik kom', en tegelijkertijd wendde ze zich tot mij (haar moeder) en zei: 'Oh, hij is zo dichtbij'. Ze keek weer naar dezelfde plek en zei met een verbaasde uitdrukking op haar gezicht: 'Hij heeft Vida bij zich.' Opnieuw wendde ze zich tot mij en zei: 'Vida is bij hem'. Geen wonder dat het Doris verbaasde haar zuster bij haar overleden vader te zien - ze dacht dat Vida nog in leven was!"

Er is trouwens nog een categorie van paranormale verschijningen die voorkomt bij sterfbedvisioenen. Daarbij beweren omstanders van de stervende zelf een verschijning te zien van de overledene die de patiënt komt 'ophalen'. Een verpleegster uit Jamaica, Long Island, Margaret Moser genaamd, zag in 1949 bijvoorbeeld diverse keren dezelfde verschijning als haar stervende patiënt. Ze zag die verschijning van een

overleden vrouw zo duidelijk dat ze later in staat was de zoon van de verschenen overledene te herkennen omdat zijn gezicht zo sterk op dat van haar leek. Mrs. Moser beschrijft haar eigen ervaring als volgt:
"In de winter van 1948-1949 verpleegde ik een heel erg zieke oude dame, Mrs. Rose B. Ze was erg intelligent, had een goede opleiding gehad en was zeer cultureel ingesteld... en ze woonde al vele jaren in New York City. Op dat moment verbleef ze in het Savoy Hotel op Fifth Avenue en tot op het allerlaatste moment bleef ze geestelijk actief. Op een middag had ik mijn patiënt vroeg naar bed gebracht voor een middagdutje en ik zat aan het tafeltje naast het raam haar kaart bij te werken. Ik zat met mijn gezicht naar het bed, de deur was achter me. Mrs. B. lag te slapen, maar plotseling zag ik haar rechtop zitten en wuiven. Ze zag er gelukkig uit, haar gezicht één en al glimlach. Ik keek naar de deur omdat ik dacht dat één van haar dochters was binnengekomen; maar tot mijn grote verbazing zag ik een oude dame die ik nog nooit eerder had gezien. Ze leek sprekend op mijn patiënte - diezelfde lichtblauwe ogen, maar een langere neus en een zwaardere kin. Ik zag haar heel duidelijk, want het was klaarlichte dag; de luiken waren maar een heel klein beetje dicht. De bezoekster liep naar mijn patiënte toe, bukte zich en toen gaven ze elkaar, voor zover ik het me kan herinneren, een kus. Maar toen ik opstond en naar het bed liep, was ze weg.
Mrs. B. zag er erg gelukkig uit. Ze pakte mijn hand vast en zei: 'Dat was mijn zuster.' Toen viel ze weer vredig in slaap. Later zag ik dezelfde verschijning nog twee keer, maar niet meer zo duidelijk en vanuit een andere kamer. Maar iedere keer als ze kwam, was mijn patiënte altijd opgetogen."
Een paar weken later stierf Mrs. B. Margaret Moser zag op haar begrafenis een man die sprekend leek op de verschijning die ze had gezien. Ze vroeg aan één van Mrs. B.'s dochters wie dat was. Het bleek de zoon van de overleden zus van Mrs. B.

Andere verschijningen van overledenen

Ook buiten de context van sterfbedvisioenen zijn er gevallen bekend van verschijningen die tevoren onbekend waren aan degenen die ze waarnemen.
Tenhaeff vermeldt bijvoorbeeld een geval bestudeerd door de Engelse Society for Psychical Research. Het betreft een vrouw die in een pension in Cheltenham logeerde en daarbij een keer schijnbaar zonder

reden wakker werd. Ze zag de verschijning van een oude heer met een rond, blozend gezicht die aan het voeteneinde van haar bed stond. De man was gekleed in een ouderwetse blauwe jas met gele koperen knopen, een licht gekleurd vest en een wijde broek. Ze was zich er trouwens van bewust dat de oude heer niet écht aanwezig was. Na een tijdje sloot zij haar ogen en toen ze die weer open deed, was de verschijning verdwenen. Ze stelde een onderzoek in naar de man en daaruit bleek dat ze een verschijning had gezien van iemand die het huis vroeger bewoond had en al lang geleden overleden was.

Soms worden verschijningen van overledenen door meerdere personen tegelijk gezien. Van Dongen en Gerding noemen wat dat betreft een geval van twee vriendinnen, S. Moore en E. Quilty, die logeerden op een boerderij en daarbij in een ouderwetse bedstee sliepen. Eén van hen, S. Moore, schrijft (blz. 50): "(...) We lagen ongeveer een half uur in bed, toen ik naar de deur van de kast keek. Ik zag een kleine oude vrouw met een blozend gezicht met een geplooide witte muts op haar hoofd, een witte zakdoek om haar hals en een witte jurk aan. Zij zat met haar handen in haar schoot. Het leek alsof het geheel een schilderij op de deur was, maar het was net of het leefde. Ik was erg geschrokken en zei tegen Quilty: 'Zag jij iets?' En haar antwoord was hetzelfde: 'Zag jij iets?' Ik vertelde wat ik gezien had en Quilty had precies hetzelfde gezien als ik. Onze nachtrust was helemaal verstoord. Toen wij de volgende morgen ons verhaal vertelden, bleek de verschijning precies te lijken op de moeder van de boer. Zij had daar voor hem gewoond en was in 'onze' slaapkamer gestorven."

Een geval dat steeds weer terugkeert in de parapsychologische literatuur over onderzoekingen naar leven na de dood is dat van de verschijning van de Amerikaan James L. Chaffin. Op 16 november 1905 maakt hij een testament waarin hij zijn boerderij naliet aan zijn derde zoon Marshall Chaffin, die daarbij ook werd benoemd tot executeur testamentair. Zijn vrouw en zijn drie overige zoons werden echter volkomen onterfd op grond van dit testament. Enkele jaren later kreeg Chaffin hier spijt van en stelde een nieuw testament op, waarbij hij zijn bezittingen gelijk verdeelde over zijn vier zoons. Naderhand borg hij in het op in de oude familiebijbel van zijn vader. Hij vouwde de bladzijden waarop het 27e hoofdstuk van Genesis stond afgedrukt zo dat er een soort zakje ontstond, waarin hij het testament schoof. Hij naaide vervolgens in één van de binnenzakken van zijn overjas een reepje vast waarop hij de woorden 'Lees het 27ste hoofdstuk van Genesis in mijn vaders oude bijbel' had geschreven. Douwe Bosga citeert Tenhaeff over dit geval (blz. 80-82): "Voor zover men dit na heeft kunnen gaan, heeft de erflater tijdens zijn leven nimmer iemand iets van het bestaan van dit tweede testament medegedeeld.

Op 27 september 1921 kwam James L. Chaffin ten gevolge van een ongeluk volkomen onverwacht te overlijden. Krachtens het op 16 november 1905 opgemaakte testament werd de derde zoon, Marshall, universeel erfgenaam van de bezittingen van zijn vader. Noch zijn weduwe, noch zijn overige drie zoons gingen ertoe over de juistheid van het testament te betwisten, daar het volgens aller mening volkomen rechtsgeldig was.

In juni 1925 ontwaakte de tweede zoon, James P.C. Chaffin, met de herinnering aan een zeer levendige droom, waarin hij zijn vader aan zich had zien verschijnen. Niet lang daarna (eveneens in juni 1925) verscheen zijn vader hem opnieuw. 'Hij was', aldus James, 'gekleed zoals ik hem vaak tijdens zijn leven had gezien. Ook droeg hij een zwarte overjas, die ik herkende als hem toebehorend. Deze keer sprak mijn vaders geest tot mij. Hij greep zijn overjas op deze wijze vast, trok de jas wat naar achter en zei: "Je zult mijn testament in de zak van mijn overjas vinden." Vervolgens verdween hij.'

De volgende ochtend begaf James zich naar zijn moeder, in de vaste overtuiging 'dat de geest van mijn vader bij mij was gekomen met het doel een begane vergissing te herstellen.' Hij zocht naar de overjas, maar deze bleek nergens te vinden te zijn. Zijn moeder deelde hem toen mede, dat de jas zich in het bezit van zijn oudste broer John bevond, die in Yadkin County woonde, ongeveer 35 km ten noordwesten gelegen van de plaats waar James woonde. Op 6 juli begaf James zich daarop naar zijn broer John. Deze bleek nog in het bezit van de overjas te zijn. Na enig zoeken werd het briefje met de verwijzing naar de familiebijbel gevonden."

James vond de bijbel na lang zoeken in het bijzijn van zijn buurman Th. Blackwedder, zijn eigen dochter en die van genoemde buurman. Bosga schrijft dan ook: "Er zijn genoeg getuigen voorhanden die de hier geschetste gang van zaken bevestigen om bedrog als verklaring te kunnen afwijzen, zoals het ook wat ver gaat om hier van toeval te spreken."

Verschijningen in verband met reïncarnatiegevallen bij jonge

kinderen

Sommige jonge kinderen die zich een vorig leven weten te herinneren, hebben ook herinneringen aan een tussenperiode tussen die vorige incarnatie en hun huidige leven. Zoals ik eerder in dit boek heb aangegeven, zijn dergelijke herinneringen bijzonder waardevol voor onze kennis over de (belevings)wereld waarin overledenen vertoeven. Dat geldt in het bijzonder als de herinneringen worden bevestigd door andere bronnen zoals bijna- dood ervaringen.

Een belangrijk voorbeeld van tussenperiodeherinneringen wordt gevormd door de uitspraken van de Indiase jongen Veer Singh, bestudeerd door dr. Ian Stevenson. Ik heb dit geval daarom ook al in het vorige hoofdstuk genoemd. Veer Singh herinnerde zich een leven als ene Som Dutt, maar ook gebeurtenissen na diens dood en de huidige incarnatie.

Stevenson schrijft hier onder meer over (blz. 328-329): "Hij zei dat hij alle familieleden die alleen van huis gingen had begeleid [als geest]. Deze uitspraak kwam overeen met een droom die de moeder van Som Dutt enkele maanden na zijn dood had gehad (in oktober 1937) waarin Som Dutt aan haar verscheen en vertelde dat zijn oudere broer, Vishnu Dutt, 's nachts naar jaarmarkten ging en dat hij [dat wil zeggen als de overleden Som Dutt] hem daarbij vergezelde. Oktober is een maand van religieuze festivals en jaarmarkten, met name de zogeheten Ramlila. Bindra Devi [Som Dutts moeder] wist niet dat Vishnu Dutt het huis verliet om naar de jaarmarkten te gaan, maar vroeg hier na haar droom naar en stelde toen vast dat dit waar was. Vishnu Dutt bevestigde dit tegenover mij."

In het geval Maung Myo Thein, eveneens bestudeerd door Ian Stevenson, gaat het om een jongen uit Myanmar (het vroegere Birma) die zich een vorig leven herinnerde als de monnik U Warthawa. Hij wist over de periode na zijn dood en voor zijn wedergeboorte het volgende te vermelden: "Na mijn dood bleef ik in het complex van de Rajmuni Pagode. Ik was nog steeds gekleed als monnik, en ik ontmoette een andere monnik die er ongeveer hetzelfde uitzag als ik." Stevenson stelde vast dat de verschijning van U Warthawa vaak gezien was in de Rajmuni Pagode en dat dit ophield na de geboorte van Maung Myo Thein.

In het geval Maung Zaw Thein Lwin, ook al uit Myanmar, herinnerde een jongen zich dat hij na zijn vorige leven als U Mar Din verschenen was aan zijn vrouw Daw Kin Shein, waarin hij haar vertelde waar hij 5 kyat (Burmees geld) gewikkeld in een witte zakdoek had gelaten. Deze Daw Kin Shein bevestigde na de geboorte van Maung Zaw Thein Lwin dat ze inderdaad zo'n droom had gehad en dat ze daardoor in staat was geweest de zakdoek met een biljet van 5 kyat te vinden. Het geld was niet zo belangrijk voor haar geweest, maar wel het gegeven dat de instructies van de overleden U Mar Din haar in staat stelden om het te vinden.

Theorievorming rond paranormale verschijningen

Het is duidelijk dat verschijningen die paranormale informatie een parapsychologische verklaring behoeven. De discussie draait hierbij met name om de vraag of de verschenen overledene de verschijning mede zelf veroorzaakt of niet. De zogeheten 'animistische' of Super-ESP hypothese voor paranormale verschijningen luidt dat ze geheel veroorzaakt worden door ESP (buitenzintuiglijke waarneming) van de kant van degene die ze waarneemt. Of anders dat ze neerkomen op vertraagd tot het bewustzijn doordringende telepathische indrukken afkomstig van de overledene toen deze nog in leven was. Met de term 'animistisch' verwijst men naar het woord 'anima' dat hier ziel van een levende betekent. In feite stelt de animistische hypothese voor verschijningen dus dat de waarneming ervan een variant is van telepathische of helderziende indrukken ten aanzien van het verleden (dat wil hier dus zeggen voorafgaand aan de dood van degene die verschijnt). W.H.C. Tenhaeff weet aannemelijk te maken dat sommige verschijningen inderdaad zo verklaard kunnen worden. Zo vermeldt hij het geval van de Amsterdamse zenuwarts Dr. I. Zeehandelaar (blz. 85): "Gedurende twee achtereenvolgende dagen had hij, blijkens een door hem in 1925 gedane mededeling, voortdurend, althans zo vaak dat men het doorlopend zou kunnen noemen, het gelaat voor zich van een hem bekende dame, die hij in vier jaar niet meer gesproken, gezien of geschreven had. Het beeld dezer vrouw, en vooral haar ogen, waren zo duidelijk en de ogen zo vragend op hem gericht, dat hij zich niet onttrekken kon aan de overtuiging, dat zij contact met hem zocht. Later bleek dit ook het geval te zijn. Zij had zijn (psychiatrische) hulp nodig voor een moeilijk geval en dacht in de dagen, waarin zij hem 'verscheen', bij voortduring aan hem. Kennelijk heeft deze vrouw, die min of meer affectief aan Dr. Zeehandelaar gebonden was, hem onbewust en ongewild telepathisch beïnvloed. Deze beïnvloeding leidde in dit geval tot een verschijning van een levende."

De vroege Engelse psychical researchers Gurney, Myers en Podmore schreven het bekende boek *Phantasms of the living*. Gurney ontwikkelde in dit boek zijn telepathische theorie van verschijningen. De animistische verklaring van verschijningen omvat uitsluitend de hypothese van telepathie met een levende persoon (of dier) die met name van toepassing lijkt bij crisisverschijningen. Paranormale verschijningen van overledenen in sterfbedvisioenen, een geval als dat van James Chaffin en verschijningen in verband met tussenperiodeherinneringen zouden in theorie alleen verklaard kunnen worden door telepathie met betrekking tot het verleden.

Ik kan me voorstellen dat deze zogeheten retrocognitieve telepathie in het algemeen op twee manieren kan optreden:

- De persoon in kwestie is al dan niet bewust gemotiveerd om de informatie in kwestie retrocognitief tot zich te nemen.
- Er is sprake van een omgeving, ruimte of voorwerp die werkt als een 'inductor', dat wil zeggen dat ze het iemand in staat stellen om telepathisch contact te maken met iemands verleden. Tenhaeff noemt wat dat betreft een geval waarbij een paragnost in een bepaalde woning een visioen kreeg van een hem onbekende vrouw. Ze was bejaard en strompelde met behulp van een krukje door de kamer. Het bleek te gaan om de vorige bewoonster van het huis die echter niet overleden was, maar in een rusthuis verbleef.

Bepaalde verschijningen bevatten informatie waar de nabestaanden van een overledene zelf al op uit waren, zodat het denkbaar wordt dat ze inderdaad berusten op retrocognitieve telepathie. Zo zouden ook sommige verschijningen van overledenen in 'spookhuizen' en dergelijke in theorie kunnen berusten op retrocognitieve indrukken van het verleden van de persoon in kwestie. Het is in dit verband overigens niet van belang of daarbij dan eventueel ook indrukken in een soort 'etherische aura' van de plaatsen in kwestie een rol spelen.

Er zijn zoals we boven hebben gezien ook gevallen bekend waarin geen sprake is van een bewust of onbewust motief om retrocognitief contact te leggen met de geest van een overledene zoals die voor zijn dood was, en evenmin van een inductor. Zo zegt Tenhaeff over het geval James Chaffin (blz. 126): "Waar van een dergelijk 'piekeren' hier geen sprake is geweest (we vernemen immers dat zowel de weduwe als haar drie 'onterfde' zoons er van overtuigd waren dat hun man en vader slechts één, volkomen rechtsgeldig, testament had nagelaten en dat zij zich volkomen bij deze situatie [hoe onbillijk deze in hun ogen overigens ook mocht zijn] hadden neergelegd) bestaat er m.i. alle reden om het vermoeden uit te spreken, dat de schijn ons hier niet bedriegt en dat de zaak inderdaad 'van buiten af' aan het rollen is gebracht. En van wie kan deze invloed 'van buiten af' dan anders afkomstig zijn geweest dan de overleden James Chaffin sr.?"

Iets dergelijks geldt voor de tussenperiodeherinneringen van Veer Singh die overeenkwamen met de droom waarin de overleden Som Dutt zijn moeder informatie verschafte over Vishnu Dutt, die de vrouw daarvoor nog niet had bezeten. Als er geen sprake was geweest van tussenperiodeherinneringen maar alleen van een droom, had men de ervaringen van de moeder uit het vorige leven misschien nog kunnen wegverklaren als telepathie met Vishnu Dutt, gegoten in een droom over haar overleden zoon Som Dutt. Maar dat is nu dus geen optie meer.

Er bestaan met andere woorden hoogstwaarschijnlijk echte geestverschijningen die niet verklaarbaar zijn door animistische hypothesen. Ze moeten berusten op een rechtstreeks contact met een overledene zoals die op dat moment geestelijk functioneert, in plaats van op retrocognitie.

Nu is het bestaan van dergelijke verschijningen niet zo verwonderlijk als je bedenkt dat er ook authentieke verschijningen van levende mensen zijn die berusten op een vorm van paranormaal contact met die levenden. Een bekend voorbeeld is de 'Wilmot-case'. Van Dongen en Gerding beschrijven dit geval als volgt (blz. 50-51): "De heer Wilmot was per schip op reis van Engeland naar de VS, naar zijn huis in Bridgeport. Hij deelde zijn huis met een maat. Het stormde dagenlang en zijn vrouw, die thuis was, was ongerust. Op een nacht droomde Wilmot dat zijn vrouw hem kwam bezoeken. Zij was gekleed in haar nachtgewaad. In zijn droom aarzelde zijn vrouw in eerste instantie voordat zij op hem toeliep en hem kuste. Plotseling schrok Wilmot wakker van het gelach van zijn maat. Deze maakte zich vrolijk om de gelukkige Wilmot, die bezoek van een vrouw had gekregen die nacht. Hij had gezien dat de vrouw de hut binnenkwam, naar Wilmot wilde lopen maar aarzelde toen zij zag dat Wilmot niet alleen in de hut was." Als Wilmot thuiskomt, vraagt zijn vrouw hem: "Heb je mijn bezoek een week geleden niet opgemerkt?" "Wilmot was zeer verbaasd. Hij bevond zich op dat moment immers meer dan duizend mijl van zijn vrouw. Dat

131

wist zijn vrouw ook wel, maar het kwam haar voor dat zij hem toch had weten te bezoeken. Zij vertelde hem dat zij op die bewuste nacht om ongeveer vier uur in de morgen haar lichaam had verlaten. Zij reisde over de zee en ontwaarde beneden zich opeens een laag zwart stoomschip. Zij ging aan boord en vond de hut waar haar man lag. Ze ging naar binnen, maar aarzelde alvorens zij naar hem toe liep. Die aarzeling werd veroorzaakt doordat zij merkte dat er nog iemand anders in de hut was."

Volgens Hornell Hart komen dergelijke verschijningen in allerlei opzichten overeen met de verschijningen van overledenen, zodat het voor de hand ligt om uit te gaan van een continuüm tussen beide verschijnselen. De belangrijke Engelse psychical researcher F. W.H. Myers schreef dan ook al ongeveer een eeuw geleden in zijn verhandeling *On recognised apparitions occurring more than a year after death*: "Ik beweer dat er een samenhangende reeks van openbaringen van dit vermogen bestaat, welke begint met de experimenten op het gebied van de telepathie en de verschijning van heftig geëmotioneerde en stervende afzenders en eindigt met de verschijning van een afzender na zijn dood".

Verschijningen en een fijnstoffelijk lichaam

Verschillende auteurs, waaronder Hein van Dongen, Hans Gerding en Ian Stevenson, stellen dat verschijningen in sommige gevallen kunnen wijzen op de waarneembare manifestatie van een fijnstoffelijk of subtiel lichaam. Dat kan gelden voor verschijningen van zowel overledenen als levenden. Ze leggen daarbij de nadruk op gevallen van verschijningen die collectief worden waargenomen.

In sommige gevallen lijken verschijningen ook vastgelegd te kunnen worden op foto's, video of film. Zelf heb ik een geval onderzocht van een Nederlandse vrouw die gefotografeerd zou zijn met een onbekend tienermeisje dat tijdens de opname niet te zien zou zijn geweest. De foto werd met medewerking van Dr. Hein van Dongen onderzocht door een professionele fotograaf die geen bijzondere kenmerken kon vaststellen. Hoewel er veel bedrog en zelfbedrog schijnt plaats te vinden op dit gebied, is dit niet het enige geval dat mogelijk op waarheid zou kunnen berusten. In weer andere gevallen zou de verschijning zich uiteindelijk verdicht hebben tot zogeheten materialisaties.

Bij dit alles blijft het volgens mij echter de vraag of het waargenomen extern of 'fysiek' aanwezige lichaam berust op een verandering in het

132

fijnstoffelijke lichaam van de betrokkene. Of dat de waarneembare
gestalte in plaats daarvan gecreëerd wordt door diens (onbewuste)
psychokinese zolang de verschijning duurt. We hebben volgens mij
daarom ander bewijsmateriaal nodig om überhaupt te kunnen vaststellen
of er een fijnstoffelijk lichaam bestaat of niet. Zoals ik onlangs in Prana
heb geschreven is dit met name te vinden bij kinderen die spontane
waarnemingen doen van een aura of 'astraal lichaam'.
Wat in ieder geval ook los van dit vraagstuk direct duidelijk wordt, is
dat collectief waargenomen paranormale verschijningen van
overledenen gehoorzamen aan het verschijnsel 'ideoplastie'.
Dat wil zeggen dat de vorm ervan berust op voorstellingen van het eigen
(al dan niet reeds gestorven) fysieke lichaam van degene die verschijnt.

Hoofdstuk 13. Dieren en leven na de dood

Dieren worden tegenwoordig gelukkig meestal niet meer gezien als geestloze machines. Dat is wel eens anders geweest. De Franse filosoof René Descartes stelde schaamteloos dat dieren automata waren, mechaniekjes zonder ziel of gevoel. Veel korter geleden geloofde men in de psychologie nog bijna algemeen dat het niet nodig was een dierlijk bewustzijn te veronderstellen om het gedrag van dieren te kunnen verklaren. Helaas is deze 'behavioristische' doctrine nog niet helemaal uitgestorven, maar de meeste psychologen vinden haar niet langer aannemelijk.

Dieren zijn tegenwoordig ook volgens de psychologie gevoelige wezens met een bepaalde intelligentie en een innerlijke beleving. Sommigen vinden dit 'nieuwe' inzicht trouwens niet bepaald positief. Grosso modo kunnen zij daar drie redenen voor hebben:

- Als dieren innerlijke ervaringen hebben, betekent dit dat we ze niet meer zomaar mogen gebruiken voor menselijke doeleinden. We moeten dan rekening houden met hun gevoelens en belangen. Veel mensen vinden dat geen goed nieuws, omdat ze bijvoorbeeld erg graag vlees of vis eten, omdat ze bont willen dragen of omdat ze zelf als wetenschapper akelige invasieve proeven doen op dieren.

- De mens is binnen veel filosofische stromingen en godsdiensten op een onaantastbaar voetstuk gezet. Hij zou totaal en principieel anders zijn dan alle andere diersoorten. Als blijkt dat andere dieren psychologische wezens zijn, wordt de kloof tussen mens en dier opeens ook een stuk kleiner, wat voor sommigen echt bedreigend is. Alsof we zelf opeens niets meer zijn dan 'beesten' en het leven er daarmee veel banaler, platvloerser en zinlozer uit zou komen te zien.

- Vooral westerlingen die opgegroeid zijn binnen de joods-christelijke traditie verkeren in de veronderstelling dat mensen wel een onsterfelijke ziel hebben (of zijn) en dieren niet. Dit zou je ook kunnen afleiden uit geestelijke kwaliteiten die mensen bezitten en die dieren dus niet zouden hebben. Als blijkt dat dieren die eigenschappen ook hebben, is dat volgens sommigen een bedreiging voor een spiritueel mensbeeld.

Geen van deze redenen is overigens steekhoudend. Allereerst kun je probleemloos de conclusie trekken dat je dieren inderdaad niet mag gebruiken als zielloze dingen zonder belangen, en is het alleen maar mooi als we dat eindelijk inzien.

De continuïteit tussen mens en dier hoeft voorts geen degradatie van de mens te betekenen, maar kan juist leiden tot een verhoging van de status van dieren. De mens verliest dan niets van zijn waardigheid, en andere dieren gaan er op vooruit.

Ook wil geestelijke continuïteit tussen mens en dier, zoals ik hieronder zal toelichten, allerminst zeggen dat we een beeld van de mens als onsterfelijke geest of ziel voortaan wel op onze buik kunnen schrijven.

John Randall en de paranormale vermogens van dieren

Aan het einde van de vorige eeuw stond wijlen John Randall stil bij het vraagstuk van de zogeheten 'Animal PSI', dat wil zeggen de eventuele paranormale vermogens van dieren. Zijn dieren in staat om paranormale waarnemingen te doen door helderziendheid of voorschouw, om telepathisch contact met elkaar te hebben of om hun omgeving direct te beïnvloeden door middel van psychokinese? Randall erkent dat er wel enig bewijsmateriaal bestaat dat je zo kunt interpreteren, maar stelt dat het veel eenvoudiger is om dat toch niet te doen. Volgens hem is het theoretisch aannemelijker om klaarblijkelijke paranormale ervaringen rond dieren niet aan die dieren zelf toe te schrijven (en ook niet aan toeval overigens), maar aan mensen die bij die dieren betrokken zijn, zoals onderzoekers of verzorgers. Die zouden namelijk het brein van de dieren in kwestie veranderen door psychokinese (een directe inwerking van hun typisch menselijke geesteskracht). Stel bijvoorbeeld dat een hond zonder aanwijsbare reden opeens luid begint te janken terwijl op datzelfde moment zijn baasje op 1000 km afstand volkomen onverwachts dodelijk verongelukt. Dan zou Randall niet redeneren: "Die hond is er duidelijk door middel van telepathisch contact achtergekomen dat zijn geliefde baasje is verongelukt. Dat fenomeen kennen we ook van mensen onderling die een sterke emotionele band met elkaar hebben. Dus is er geen reden om te veronderstellen dat er nu, alleen maar omdat een hond de telepathische indruk van de dood van zijn baas krijgt, opeens iets totaal anders aan de hand is." In plaats daarvan beweert Randall juist dat het eenvoudiger is om te denken dat niet de hond, maar een menselijke geliefde van de verongelukte een telepathische indruk van zijn dood heeft gekregen. Dat die indruk vervolgens onbewust bleef bij die persoon zelf maar wel (ook weer onbewust) psychokinetisch inwerkte op het brein van de hond, en dat de hond vervolgens als een automaat van Descartes zonder enig besef is gaan janken.

In een gepubliceerde reactie op de positie van Randall stel ik dat deze voorstelling van zaken in feite betekent dat we zouden terugkeren naar een volledig materialistisch beeld van dieren als zielloze biologische robots. Overigens heeft John Randall in zijn repliek hierop verontwaardigd tegengesproken dat hij dat dit bedoelde. Maar als hij echt niet uitgaat van dieren als gevoelloze machines, wordt zijn positie alleen maar vreemder. Want waarom zou je dan in godsnaam nog willen volhouden dat dieren nu eenmaal nooit zelf paranormale waarnemingen kunnen doen en in plaats daarvan zo'n ongelooflijk ingewikkelde theorie willen opstellen?
In feite geeft Randall zelf impliciet het antwoord op deze vraag. Het is hem te doen om het veilig stellen van het 'bovennatuurlijke' karakter van paranormale vermogens. Het toeschrijven van dergelijke vermogens aan andere diersoorten dan de mens zou daar namelijk mee in strijd zijn volgens hem. Indien paranormale vermogens iets zouden blijken te zijn dat ook bij andere dieren voorkomt, zouden ze volgens Randall kennelijk opeens hun enorme belang verliezen voor het opbouwen van een spiritueel mensbeeld. Hierop heb ik geantwoord dat het de hoogste tijd wordt eens de andere kant uit te denken. Als paranormale vermogens ook bij dieren voorkomen, wil dat niet zeggen dat mensen opeens geen spirituele wezens meer zijn, maar juist dat andere dieren zelf ook onsterfelijke zielen zijn.

Dieren en PSI
Er komen hoe dan ook paranormale vermogens voor onder dieren. Zo zijn er gevallen bekend van huisdieren die duizenden kilometers aflegden naar het nieuwe huis van hun baas, zonder dat ze aan normale aanwijzingen konden afleiden waar dat huis zich bevond. Het beste bewijsmateriaal heeft te maken met reacties van dieren op de gemoedstoestand of de bedoelingen van mensen die zich op dat moment niet in dezelfde ruimte bevinden.
Ian Fraser Ker uit Westcourt, Surrey, merkte bijvoorbeeld dat zijn hond, een boxer, steeds erg opgewonden werd vlak voordat hij thuis kwam.

136

Hij was iemand die voor zijn werk ver van huis met het vliegtuig moest reizen en dus ook op onvoorspelbare tijden thuiskwam. Dit ging op den duur zo ver dat zijn vrouw op dagen dat de boxer tekenen van opwinding vertoonde en daarbij
bij de voordeur ging zitten met zijn snuit zo ver mogelijk in de brievenbus, wist dat het tijd was om eten voor haar man klaar te maken. Hij kon dan elk moment van het vliegveld bellen dat hij er aan kwam. Dit vermogen om iemands thuiskomst te voorvoelen is volgens de bekende bioloog Rupert Sheldrake vastgesteld bij allerlei diersoorten, waaronder honden, katten, schapen, paarden, apen en papegaaien. Daarnaast is er ook nog het vermogen van veel dieren om aan te voelen dat een geliefd persoon is overleden en zelfs om diens naderende dood aan te voelen. Een voorbeeld van dit laatste betreft Christine Vickery en haar man in Sacramento, Californië. Meneer Vickery was schijnbaar nog kerngezond toen hij op de avond van de eerste december 1995 thuiskwam. Normaliter kwamen zijn honden Smokie en Popsie op dat moment op hem afrennen om hem te begroeten, maar dit keer bleven ze in hun manden in een andere kamer liggen. Hij riep ze, maar ze weigerden naar hem toe te gaan. Om 9 uur die avond kwamen de honden de eetkamer binnen en gingen aan de voeten van hun baas zitten. De heer Vickery werd ongerust en vroeg zich hardop af wat zij wisten dat hij zelf niet wist. Ze volhardden gedurende de volgende vijf dagen in dit merkwaardige ritueel. Op de avond van de zesde december knuffelde Smokie, de oudste hond, het been van zijn baas met zijn snuit. Popsie gaf hem een poot. Om half 2 's middags stierf Vickery in zijn slaap zonder dat hij of zijn vrouw had geweten dat hij ernstig ziek was geweest.

Rupert Sheldrake heeft zelf ook met succes experimenteel onderzoek gedaan met huisdieren om vast te stellen of ze konden aanvoelen dat hun baasje er onverwachts aan zou komen. Een nog lopend project is dat van Aimee Morgana met haar sprekende grijze papegaai N'kisi die naar verluidt spontaan telepathisch op haar zou reageren.

Los van onschuldig onderzoek zoals dat van Rupert Sheldrake zijn er helaas ook immorele proeven met dieren uitgevoerd om vast te stellen of ze paranormale vermogens hebben. Ze vormen een schandvlek voor de parapsychologie.

Vanzelfsprekend worden bij onderzoek naar ESP alle normale zintuiglijke kanalen (die bij dieren vaak verschillen van de menselijke zintuigen) eerst uitgesloten als bron van informatie. Wat psychokinese betreft, geldt in elk geval dat dieren net als mensen hun eigen lichaam met hun wil kunnen bewegen en voortbewegen. Net als bij mensen moeten we daarbij uitgaan van een vorm van psychokinese op het dierlijke lichaam.

Daarnaast zijn er nog enkele experimenten met psychokinese uitgevoerd, waarvan een deel moreel echt ongeoorloofd blijkt. Kuikens leken daarbij onder meer de warmte in de ruimte waarin ze verbleven te kunnen beïnvloeden.

ESP en een overleven na de dood

Velen zijn er na tientallen jaren gedegen onderzoek nog steeds van overtuigd dat er geen leven na de dood bestaat. Eén van de redenen dat men het bestaan van paranormale vermogens verwerpt, is dat erkenning van dergelijke vermogens uiteindelijk ook leidt tot het aannemen van een leven na de dood. Paranormale vermogens gaan namelijk per definitie de grens van het lichamelijke te boven en wijzen er daarmee op dat de ziel tenminste aspecten kent die niet gebonden zijn aan het lichaam. Zodra je van een wezen kunt vaststellen dat het ESP of psychokinese vertoont, weet je dus eigenlijk dat zijn geest (in elk geval gedeeltelijk) de dood zal overleven.

Nu zou men even goed het tegenovergestelde kunnen doen: dus zomaar aannemen dat mensen en andere dieren ESP vertonen omdat hun geestelijke overleven na de dood daarmee tenminste gewaarborgd zou zijn. Natuurlijk is dat net zo ongeoorloofd als de genoemde afwijzing van ESP.

In ieder geval weten we al dat er naar alle waarschijnlijkheid ESP voorkomt bij dieren, en daarmee weten we ook dat ze de dood geestelijk zullen overleven .

Verschijningen van dieren

De conclusie dat dieren de dood overleven wordt mooi bevestigd door ervaringen met verschijningen van overleden dieren. Al in het 19 eeuwse parapsychologische *Report on the Census of Hallucinations* van de Engelse Society of Psychical Research komen 25 verslagen voor van verschijningen van dieren: eenmalige ervaringen met 13 katten, vier honden, een konijn, een muis, een vlinder, een paard met wagen, en herhaalde ervaringen met katten en twee gevallen waarin zowel katten als honden voorkwamen. Een aangrijpend recent voorbeeld van een recente verschijning betreft ene Robin Deland uit Denver (Colorado). Deze reed 's avonds laat een keer over een smalle en kronkelige weg door een bergachtige streek, toen hij een verschijning van een grote collie op de weg voor hem zag, die hij onmiskenbaar herkende als zijn overleden hond Jeff. Deland remde uit alle macht en sprong uit de auto. Hij rende met knikkende knieën achter zijn hond aan. Jeff draaide zich om en begaf zich naar de top van een heuvel voor hem. Nadat Deland hem gevolgd was, zag hij een grote zwerfkei op de weg die daar beland was door een aardverschuiving. Als hij niet gewaarschuwd was, had hij de zwerfkei zeker niet op tijd kunnen ontwijken en dan was hij daardoor in het ravijn beland. Toen hij zich dit realiseerde, keek hij waar zijn hond gebleven was, maar die was onvindbaar.

Communicatie met overleden dieren

Helderzienden zoals Beatrice Lydecker menen gezien te hebben hoe dieren na hun overlijden in een soort dierenhemel terecht kwamen. Sommige van hen beweren tevens dat ze telepathisch contact kunnen leggen met overleden huisdieren. Dat alles is zeker niet uit te sluiten. Hetzelfde geldt voor dromen waarin mensen werkelijk contact lijken te hebben met gestorven dieren. Een sprekend voorbeeld is dat van de moeder van een eigenares van een vermiste Engelse mastiff, Fife genaamd. De vrouw droomde dat Fife kwispelend op een heuvel stond. De hond keek vervolgens naar beneden en daar zag zij zijn gehavende, levenloze lichaam liggen. De volgende morgen nam ze haar dochter mee en liep naar de plek waar ze over gedroomd had. Ze vonden het lijk van Fife terug, precies zoals het eruit had gezien in haar droom.
Dit soort gevallen wijzen erop dat dieren net als mensen na hun dood telepathisch contact kunnen zoeken met levenden. Het is redelijk om te verwachten dat er ook hierin geen verschil bestaat tussen menselijke en dierlijke zielen.

Reïncarnatie van dieren

Dieren zijn geestelijke wezens, net als mensen. Het is dus zeker te verwachten dat ze net als wij een persoonlijke evolutie doormaken die meerdere aardse levens beslaat (Ellis, 2003). Sterker nog, het is bepaald niet onaannemelijk dat ze daarbij van de ene diersoort naar de andere kunnen overgaan. Als we dit doortrekken, zien we in dat we zelf waarschijnlijk ook al leden van allerlei diersoorten geweest zijn en dat veel dieren misschien ooit nog (een soort) mensen zullen worden.

Hoofdstuk 14. Instrumentele transcommunicatie: moderne apparatuur als poort naar gene zijde?

Het verlangen om contact te leggen met overledenen of voorouders is van alle tijden en alle culturen. Zelfs in de atheïstische Sovjet Unie bouwde men imposante mausolea om zo dicht mogelijk bij de gestorven leiders te blijven. De behoefte aan verbondenheid met gestorven mensen is kennelijk zo groot dat men haar niet zomaar kan uitroeien.

Sjamanen en mediums hebben van oudsher de functie vervuld van doorgeefluik van signalen uit een andere wereld. Die functie zal waarschijnlijk ook niet verdwijnen. Tegenwoordig tracht men echter ook via moderne apparatuur in contact te treden met het hiernamaals. Met een moeilijk woord noemen we dat *instrumentele transcommunicatie* oftewel ITC. Je moet denken aan boodschappen die via radio's, cassetterecorders, televisietoestellen, videorecorders maar ook computers binnen zouden komen.

Deze ontwikkeling is begonnen met het Electronic Voice Phenomenon oftewel EVP dat in het Nederland beter bekend is geworden onder de naam bandstemmen. Internationale beroemdheden als Friedrich Jürgenson en Konstantin Raudive, maar ook Nederlanders al Branton de Geus, Hans Kennis, Anita Laverman en Remko Ehrhardt, beweren stemmen van overledenen te hebben opgenomen. Deze stemmen zouden niet verklaard kunnen worden door toevallige ruis of flarden van radio-programma's en bovendien vaak persoonlijke boodschappen bevatten. Op diverse websites zijn inmiddels talloze van zulke opnames te beluisteren.

Daarbij zouden ze nogal eens bestaan uit een vreemde mix van woorden uit verschillende talen, mede om daarmee aan te geven dat ze geen aardse oorsprong kunnen hebben. Ook de boodschap zelf zou nog wel eens heel cryptisch zijn.

Sindsdien zijn er ook filmbeelden en computerteksten gemeld die van gene zijde zouden stammen. Zelfs hele conversaties met overledenen zouden zijn vastgelegd. Er zijn artikelen en boeken over deze vérgaande beweringen verschenen van o.a. George W. Meek, Klaus Schreiber en Ernst Senkowski. Ook zijn er internationale organisaties opgericht op dit gebied.

In Nederland zijn vooral Hans Kennis en het team van 't WENT, verbonden

141

aan een website gewijd aan ITC, actief bezig met deze veelzijdige fenomenen.

Paranormaal?

De eerste vraag die we parapsychologisch gezien natuurlijk dienen te stellen is of de verschijnselen die op dit terrein onderzocht worden misschien gewoon normaal verklaarbaar zijn. Gaat het bijvoorbeeld om het projecteren van zinvolle geluidspatronen op betekenisloze ruis? Zijn de boodschappen anders misschien weliswaar echt maar gewoon afkomstig van radio- en tv-zenders? Is er wellicht bedrog in het spel?

Vreemd genoeg worden deze vragen maar door relatief weinig parapsychologen gesteld. De meeste van hen lijken zich nauwelijks voor dit terrein te interesseren en mijden het volledig. Dat kan liggen aan desinteresse, maar ook aan het probleem dat het achteraf nog wel eens moeilijk vast te stellen kan zijn hoe een opname precies tot stand gekomen is. Zeker als de betrokkenen zelf weinig heil zien in kritische parapsychologie wordt het dan heel moeilijk om eenduidige conclusies te trekken.

Toch is er wel enig onderzoek naar ITC verricht door parapsychologen, en daar concluderen enkele onderzoekers uit dat er in elk geval bewijsmateriaal bestaat voor echte 'paranormale' stemmen en beelden. Dit zijn opnames waarvoor een normale verklaring heel onwaarschijnlijk wordt geacht.

Je kunt dan denken aan opnames die paranormale informatie bevatten of zinvolle fragmenten die met geen mogelijkheid afkomstig kunnen zijn van de normale mediakanalen. Alleen bedrog lijkt in zo'n geval nog een alternatief te bieden.

Overigens moet de mogelijkheid van bedrog juist bij de spectaculairdere claims wel degelijk heel grondig worden uitgesloten. Zo is er een bekend geval van onderzoeker George W. Meek die hierbij samenwerkte met William (Bill) O'Neill. Deze laatste zou volgens Meek via een speciaal apparaat, de zogeheten Spiricom, rechtstreeks gepraat hebben met een overleden NASA-geleerde, Dr. Mueller. Als de opnames authentiek zijn, dan vormen ze duizelingwekkend paranormaal materiaal. Het grote probleem is echter dat zelfs zeer ruimdenkende parapsychologen als D. Scott Rogo nog ernstige twijfels hebben gehad bij de echtheid van deze opnames. Een mogelijke alternatieve interpretatie is namelijk dat het gaat om een uitgebreide vorm van bedrog van (de inmiddels reeds zelf overleden) O'Neill. Er was namelijk niemand anders bij aanwezig toen hij de opnames van zijn gesprekken maakte.

In het licht van ander parapsychologisch bewijsmateriaal voor fysieke

142

verschijnselen die te maken hebben met de inwerking van de geest op de materie oftewel *psychokinese*, ligt het trouwens wel voor de hand dat ten minste een deel van de gemelde fenomenen echt paranormaal is.

Hoe dan ook is het zaak dat er veel meer serieus parapsychologisch onderzoek wordt gedaan naar instrumentele transcommunicatie. Natuurlijk moeten de mensen die zich persoonlijk met het fenomeen bezig houden dan wel bereid zijn om aan zulk onderzoek mee te werken en eerlijke parapsychologen niet meteen diskwalificeren als niet veel meer dan een bijzonder soort skeptici.

High tech contact?
Een volgende vraag is of paranormale manifestaties van instrumentele transcommunicatie berusten op daadwerkelijk contact met de zielen van overleden. Acceptatie van paranormale gevallen op dit gebied wil nog niet zeggen dat je ook direct aanvaardt dat ze allemaal van gene zijde afkomstig moeten zijn.
De voornaamste rivaliserende hypothese is dat de stemmen en beelden veroorzaakt worden door onbewuste psychokinese van de betrokken mensen zelf. Die zouden daarbij zo graag communiceren met bijvoorbeeld familieleden, vrienden of collega's, dat ze onbewust zelf invloed uitoefenen op banden of computerschijven en daarbij uiteindelijk ook zelf de paranormale boodschappen creëren.

Enthousiaste pioniers die zich met EVP of andere vormen van ITC bezighouden kunnen de indruk wekken dat ze deze verklaring door middel van psychokinese niet erg serieus nemen. Ze lijken te denken dat "paranormaal" direct ook gelijk *moet* staan aan "veroorzaakt door overledenen".

Reeds in de 19e eeuw werd deze gedachte ter discussie gesteld in verband met seances met zogeheten fysische mediums. Beroemdheden als het bekende medium Daniel Dunglas Home lieten zeer indrukwekkende verschijnselen zien zoals tafeldansen en zwevende voorwerpen, zonder dat men daarbij goocheltrucs of andere vormen van bedrog heeft kunnen vaststellen. Reeds in die beginperiode namen parapsychologen de mogelijkheid serieus dat mediums een en ander zelf teweeg brachten, d.w.z. met behulp van hun eigen geesteskracht. Nu wordt dit vaak nog wel met zoveel woorden erkend, bijvoorbeeld door de Nederlandse onderzoeker Hans Kennis. Maar men meent vervolgens vaak dat alleen zeer begaafde mediums tot psychokinese in staat zijn. Hoewel dit op zich geen idiote gedachte is, pleit er toch het een en ander tegen. Zelfs als je niet bijzonder psychokinetisch begaafd bent, zou het namelijk zo kunnen zijn dat je juist in verband met dit onderwerp op onbewust niveau extra gemotiveerd bent om de opnames te creëren.

Toetssteen

Net als bij mediumschap door middel van spiritisme is het om bovengenoemde reden van belang dat we ons richten op opnames die niet alleen paranormaal in de psychokinetische zin zijn, maar ook informatie bevatten die de betrokken experimentatoren zelf nog niet eerder bekend was. Bijvoorbeeld in de vorm van een specifieke boodschap van een onbekende overledene, een zogeheten drop-in communicator, die later geverifieerd blijkt te kunnen worden. Maar eventueel ook in de vorm van zogenoemde kruiscorrespondenties die over verschillende opnames worden verdeeld en als een soort puzzel één geheel blijken te vormen. Tevens kan het opnames van geliefde overledenen betreffen die nieuwe, correcte informatie bevatten of zinvolle uitspraken in een buitenlandse taal die pas later ontcijferd kunnen worden. *In het algemeen moet het gaan om informatie waar de levenden zelf niet eens van op de hoogte waren.* Want dan kunnen ze ook geen motief hebben gehad om die bijvoorbeeld door middel van onbewuste helderziendheid zelf te verzamelen en in een schijnboodschap uit het hiernamaals te verwerken.

Het heeft weinig zin om je tegen dit soort criteria te verzetten en je vast te bijten in de tegenwerping dat het verschijnsel nu eenmaal vaak paranormaal is en daarmee ook hoogstwaarschijnlijk afkomstig van de gene zijde. Helaas zie je die houding af en toe toch nog wel bij sommige onderzoekers van ITC. Dat kan zelfs zover gaan dat men de wetenschap, maar ook het rationele denken in het algemeen meent te moeten afzweren uit respect voor de boodschappen van overledenen. In feite is dit een cirkelredenering, want alleen als je genoemde criteria afwijst kun je stellen dat *alle* paranormale bandstemmen en beelden ook direct neerkomen op zulke boodschappen.

Sommige ontvangen berichten zijn overigens zo bizar dat ze alleen al daarom waarschijnlijk geen echt contact behelzen. Zo ontving een onderzoeker genaamd Ken Webster naar verluidt uitgebreide berichten uit de toekomst. Het ligt erg voor de hand (boerenbedrog en krankzinnige vormen van zelfbedrog even buiten beschouwing latend) dat hierbij sprake is van psychokinetische creaties voortkomend uit de eigen fantasie.

Opwindende mogelijkheden

Stel je voor dat het ooit echt mogelijk wordt om als het ware te 'bellen' of 'skypen' (al dan niet met 'webcam') met mensen die het ondermaanse hebben verlaten. Dat zou natuurlijk een geweldige uitkomst zijn voor iedereen die midden in een rouwproces zit. Bovendien zou het zo heel gemakkelijk worden om zelfstandig oude banden aan te halen en te onderhouden, terwijl dit voor velen nu vaak alleen sporadisch of pas na de eigen overgang in de vorm van ons overlijden kan worden gerealiseerd. Het zou gaan om een opwindende toevoeging aan de communicatieve mogelijkheden die goede spiritistische mediums en helderzienden ons nu reeds te bieden hebben.

Natuurlijk zijn we nog lang niet zover. We moeten eerst een duidelijk onderscheid leren maken tussen de producten van onze eigen onbewuste geest en echte boodschappen van geesten van overledenen. Bovendien zou het moeten gaan om een relatief eenvoudig en betaalbare methode die voor iedereen of in elk geval de meeste mensen toegankelijk zou moeten zijn.

Eén van de interessante aankondigingen die er uit de wereld van de instrumentele transcommunicatie wat dit betreft te horen zijn, is dat er aan gene zijde hele teams van toegewijde gestorven wetenschappers en technici bestaan die juist hieraan werken. Zij proberen volgens deze berichten net als levende onderzoekers in deze wereld een brug te slaan naar de andere (in hun geval aardse) werkelijkheid.

Helaas zijn de hooggespannen verwachtingen nog niet verwezenlijkt. Sterker nog, sinds de jaren '90 hoort men niet of nauwelijks meer iets over grote doorbraken wat betreft instrumentele transcommunicatie. Dat kan liggen aan een gebrek aan openheid van de aardse mens, maar het zou ook zo kunnen zijn dat contact via moderne apparatuur relatief gezien toch moeilijker tot stand brengen is dan contact via traditionelere methoden zoals telepathie of mediumschap.

De tijd zal het leren. Wat in elk geval van de parapsychologie verwacht mag worden is dat men interessante beweringen zoveel mogelijk natrekt en serieus neemt. Aan de hand daarvan kan men dan vaststellen hoe groot de belofte van deze vorm van postume communicatie nu precies is.

Gevaarlijk spel?

White Noise brengt de zorgen die sommigen wat dit betreft hebben treffend in beeld. Lagere geesten of 'demonen' zouden graag gebruik maken van de goedgelovigheid van levenden om hen te verleiden tot gevaarlijke handelingen of te drijven tot waanzin en zelfs suïcide. Hoewel we niets zomaar moeten uitsluiten, lijkt ons het gevaar van instrumentele transcommunicatie in elk geval niet groter dan dat van het traditionele mediumschap. Het is jammer als men teveel inspeelt op de sensatiebelustheid van het grote publiek.

Hoofdstuk 15. Wie is daar? Parapsychologische controverses rond mediumschap[8]

'Paranormale' TV-programma's lijken zo langzamerhand geaccepteerd te zijn in Nederland. Zowel commerciële zenders als publieke omroepen spelen hier op in met uiteenlopende shows als Wonderen Bestaan, Het Zesde Zintuig, De Babyfluisteraar en Char. Tot afgrijzen van skeptici zal deze normalisering ongetwijfeld van invloed zijn op de perceptie van paranormale verschijnselen. Eén van de onderwerpen die regelmatig aan bod komen, is het verschijnsel van de zogeheten mediums. Daarom wil ik in dit artikel eens stil staan bij wat hier vanuit de parapsychologie nu eigenlijk zoal over bekend is.

Definities en onderscheiden

Laat me eerst eens benadrukken dat het meervoud van het parapsychologische begrip medium echt *mediums* is, en niet *media*. Vergelijkbaar met forums (in plaats van fora) op internet. Dit om hypercorrecties te voorkomen. Bij mediums gaat het in het algemeen om bijzondere mensen die fungeren als 'doorgeefluik' van informatie of intenties van overledenen. Parapsychologisch gezien werken ook paragnosten of helderzienden met paranormale informatie, ook al gebeurt dit op basis van de eigen buitenzintuiglijke vermogens, en channels zouden naar verluid telepatisch contact leggen met (vooral hogere) geesten. Het onderscheid tussen deze drie categorieën is daarom niet altijd even scherp te maken. Uitgaande van een voortbestaan na de dood is het bijvoorbeeld denkbaar dat een paragnost niet alleen regelmatig telepathisch contact heeft met levenden maar net zo goed met overledenen. Onder die omstandigheden zou het werk van een paragnost samenvallen met een vorm van mediumschap. Wanneer je gelooft in het bestaan van bovennatuurlijke wezens zou het eveneens zo kunnen zijn dat een medium of paragnost daar geestelijk mee in aanraking komt. Interessant genoeg beweert de TV-paragnost Derek Ogilvie, de 'babyfluisteraar', dat hij vroeger een succesvol spiritistisch medium is geweest. In het Engels worden de woorden medium en psychic overigens nog wel eens gebruikt als synoniemen, evenals medium en channel. Binnen het mediumschap zoals ik dat boven gedefinieerd heb kun je allereerst een onderscheid maken tussen *fysisch* en *mentaal* mediumschap. Bij fysisch mediumschap gaat het om fysieke fenomenen die blijk geven van de

[8]   Met dank aan Anny Dirven en Hein van Dongen.

147

aanwezigheid of bedoelingen van overledenen. Een fysisch medium zou volgens spiritisten mede de paranormale of fijnstoffelijke 'energie' leveren waarmee overledenen zich fysiek kunnen manifesteren. Fysische mediums zijn in die zin verwant aan parergasten of psychokineten, omdat ze betrokken zijn bij het opwekken van psychokinetische verschijnselen.

Bij mentaal mediumschap kan er overigens ook sprake zijn van paranormale fysieke activiteit, maar de uitwisseling van informatie met overledenen staat centraal.

Fysisch mediumschap

Uit de bloeitijd van het spiritisme zijn de namen van allerlei fysische mediums bekend gebleven, zoals Daniel Dunglas Home, Florence Cook, Eusapia Paladino, Stella C., Rudi Schneider, Franek Kluski en Carmine Mirabelli. Zij zouden betrokken zijn geweest bij spectaculaire (paranormale) fysieke verschijnselen zoals tafeldansen, klopgeluiden, lichtverschijnselen, levitaties van voorwerpen, en het materialiseren[9] van bloemen, organen of zelfs hele lichamen van mensen of dieren. Dit alles gaat lang niet altijd gepaard met duidelijke boodschappen van concrete overledenen, maar de deelnemers denken wel dat wat zij meemaken tijdens de séance afkomstig is van 'gene' zijde.

Uiteraard worden fysische mediums bij serieus parapsychologisch onderzoek onderworpen aan zeer strikte condities om elke vorm van misleiding uit te kunnen sluiten. Dit is niet alleen nodig om deugdelijke bewijzen te kunnen leveren voor eventuele prestaties van de mediums, maar ook omdat sommige van hen betrapt zijn op het plegen van bedrog. Religieuze spiritisten[10] kunnen erg veel moeite hebben met controlemaatregelen. Het zou volgens hen van weinig respect getuigen voor de mediums in kwestie en – erger nog – voor de geesten die zich manifesteren. Maar dit mag zeker geen beletsel vormen bij systematisch onderzoek. De verschijnselen zijn nu eenmaal te spectaculair om ze op wetenschappelijk niveau zomaar te aanvaarden. Dat kan echt uitsluitend wanneer er strenge maatregelen zijn genomen om bedrog en andere normale factoren uit te sluiten. Het is wat dit betreft problematisch dat veel fysische mediums alleen goed zouden kunnen functioneren bij zwakke verlichting. Dit maakt het extra moeilijk om precies in de gaten te houden wat er allemaal gebeurt tijdens een séance.

---

[9] Het aannemen van een fysieke, waarneembare gestalte.

[10] Mensen die het spiritsme aanhangen als officiële geloofsovertuiging.

Van sommige mediums zoals Eusapia Palladino heeft men aangetoond dat ze werkelijk bedrog probeerden te plegen. Om het nog wat complexer te maken, Palladino slaagde er naar alle waarschijnlijkheid wel in om authentieke paranormale verschijnselen voort te brengen. Maar je kunt alleen tot die conclusie komen als je je verdiept in al het onderzoek dat er met haar gedaan is en het zou veel gemakkelijker zijn als dat gewoon niet nodig was.

Er zijn hoe dan ook aanwijzingen dat niet alle observaties op dit gebied alleen maar op misleiding berusten. Daniel Dunglas Home is bijvoorbeeld nooit overtuigend op bedrog betrapt terwijl hij wel door zeer veel ontwikkelde tijdgenoten onderzocht werd. De jurist Victor Zammit schrijft over Home onder andere:

"Het uitzonderlijke van Home was dat hij in staat was om in daglicht of gaslicht te werken en in huizen waar hij nog nooit was geweest. Onder deze omstandigheden was hij in staat om:
- Klopgeluiden te produceren die in de hele kamer gehoord werden
- Tafels in de lucht te laten zweven
- Muziekinstrumenten uit zichzelf te laten spelen
- Handen zonder lichaam te laten verschijnen; aanwezigen konden deze inspecteren, aanraken en schudden, maar als iemand de hand probeerde vast te houden smolten ze weg
- Zichzelf en anderen te leviteren
- Hete kolen in de handen te pakken zonder nare gevolgen.
Tegen het einde van zijn carrière werd Home gevraagd of hij zijn krachten wilde demonstreren in een laboratorium. In testen die werden uitgevoerd door Alexander Von Boutlerow in Rusland en William Crookes in Engeland was hij in staat om op afstand telekinetische effecten te produceren die gemeten konden worden met weegmachines."

Veel recentere voorbeelden van fysisch mediumschap zijn te vinden bij het zogeheten Scole Experiment. Vier mensen uit Scole (Norfolk) hielden séances waarbij maar liefst 180 fysieke paranormale voorvallen zouden zijn gedocumenteerd. Helaas gingen de entiteiten die zich volgens de Scole groep manifesteerden echter niet akkoord met experimentele condities die de fenomenen echt konden bewijzen. Tegelijkertijd beweerden ze dat fysieke verschijnselen erg belangrijk zouden zijn voor het aantonen van daadwerkelijk contact met overledenen. Desalniettemin lijkt een deel van de Scole fenomenen wel authentiek.

Nog recenter zijn de onderzoekingen naar het hedendaagse materialisatiemedium David Thompson. Hij is onder andere bestudeerd door

Zammit die stelt dat hij voldoende maatregelen heeft genomen om bedrog uit te sluiten. De jurist beweert dat hij met zijn eigen ogen waargenomen heeft hoe er 'ectoplasma' uit het lichaam van Thompson kwam en hoe dit zich vormde tot volledige, levende en communicerende gestalten.

Al met al is fysisch mediumschap een erg complex parapsychologisch onderzoeksveld, waarover dan ook weinig consensus bestaat. Dit geldt niet alleen voor de verschijnselen zelf, maar bijvoorbeeld ook voor de eventuele rol die ectoplasma, een soort fijnstoffelijk materiaal, daarbij zou spelen.

Mentaal mediumschap

De categorie van het mentale mediumschap kun je verder onderverdelen in drie vormen:

- *Motorische automatismen*, zoals glaasje draaien, het ouija-bord, de planchette, pendelen of automatisch schrift. Overledenen zouden hierbij gebruik maken van het motorisch apparaat van het medium, maar zonder dat het medium daarbij zelf in een diepe trance verkeert.

- *Helderziend of telepathisch contact met overledenen*. Het gaat hierbij in feite om een soort paragnosten die gespecialiseerd zouden zijn in communicatie met geesten.

- *Trance-mediumschap* waarbij het medium tijdens een diepe trance door een overledene geestelijk en/of lichamelijk wordt 'overgenomen', dat wil zeggen dat de overledene het medium (of zijn of haar lichaam) gebruikt als voertuig van communicatie. In al deze drie gevallen gaat het steeds om (het doorgeven van) boodschappen van gene zijde, hoewel er vaak ook sprake is van een gids of controlegeest die toezicht zou houden op het doorkomen van specifieke overledenen. Veel parapsychologen gaan er vanuit dat deze controlegeesten meestal neerkomen op een onbewust deel van het medium zelf, vergelijkbaar met een secundaire persoonlijkheid bij dissociatie of MPD[11]. Ze leveren namelijk zelden of nooit informatie die hun aardse identiteit zou bewijzen en komen over als personages uit een sprookje of fantasieverhaal.

Bij onderzoek naar de prestaties van mentale mediums is het uiteraard al evenzeer van groot belang dat men alle mogelijke normale verklaringen systematisch probeert uit te sluiten, zoals bedrog, zelfbedrog en fantasie. In het geval van bedrog kunnen mediums van tevoren, zelf of via handlangers, informatie inwinnen over deelnemers aan een séance die ze vervolgens presenteren als boodschap van een overledene. Helaas lijkt dit aan de orde te zijn geweest bij het jonge Nederlandse medium Robbert van den Broeke. Hoewel hij over het algemeen oprecht en ietwat naïef overkomt, lijkt hij

---

[11] Multiple Personality Disorder, oftewel meervoudige persoonlijkheid.

tijdens zijn deelname aan een serie van RTL 4 toch gezwicht te zijn voor de prestatiedruk. Zoals skeptici genadeloos hebben aangetoond, heeft Van den Broeke kennelijk foutieve informatie van internet verwerkt in zijn 'paranormale' uitspraken. Concreet had hij het over een 'genverbrander', wat overeenkwam met een typefout op een website waarop ook andere gegevens die hij had genoemd te lezen waren. Genverbrander had geneverbrander moeten zijn (d.w.z. jeneverbrander). Hoewel men een bizar toeval niet volledig kan uitsluiten, lijkt het toch uiterst onwaarschijnlijk dat hierbij geen ernstige vorm van (zelf)bedrog[12] meespeelde.

Bovendien kunnen mediums door het stellen van vragen en het letten op allerlei uiterlijke kenmerken en gedrag veel over iemand te weten komen zonder dat ze paranormale indrukken binnenkrijgen. Sommige populaire mediums zoals Char Margolis lijken al dan niet bewust gebruik te maken van zulke methoden. Char stelt bijvoorbeeld de vraag of bepaalde letters een betekenis hebben voor de aanwezigen, waarbij ze steevast twee letters tegelijk noemt. Ze vraagt vervolgens regelmatig hoe een overledene zich verhoudt tot de aanwezigen, waarbij ze zelf vaak opnieuw verschillende mogelijkheden noemt. Niet alleen is de kans dat ze met haar gegis op een echte overledene stuit erg groot, maar ze verzamelt (of ze zich daar nu helemaal van bewust is of niet) vooral veel normale informatie door haar vragen. Hoewel het niet uitgesloten kan worden dat ze werkelijk mediamiek begaafd is, is haar werkwijze parapsychologisch beschouwd op zijn minst erg onhandig.

Wat dit betreft lijken andere populaire mediums zoals James van Praagh en Allison DuBois in elk geval een betere methode te hanteren, doordat zij meestal meteen uitgebreid over hun indrukken beginnen, in plaats van de aanwezigen eerst de oren van het hoofd te vragen.

Het kan bij mentaal mediumschap bovendien gaan om normale kennis over een overledene die berust op wat het medium ooit over de persoon in kwestie gelezen of gehoord heeft en op bewust niveau weer vergeten is, een proces dat bekent staat als cryptomnesie[13].

In de beginperiode van de parapsychologie oftewel psychical research is veel onderzoek gedaan naar de verrichtingen van mentale mediums, zoals Leonora Piper en Gladys Osborne Leonard. Op basis van grondige onderzoekingen uit die tijd, lijkt het op zijn minst zeer aannemelijk dat zij echt in staat waren om veel paranormale informatie over overledenen te verstrekken. Allerlei vroege parapsychologen, zoals Frederic Myers en Oliver Lodge raakten hierdoor

---

[12] Het is overigens te hopen dat Van den Broeke deze escapade te boven zal komen.

[13] Letterlijk: verborgen geheugen.

overtuigd van een voortbestaan na de dood en communicatie met overledenen. Sindsdien is het onderzoek naar mentale mediums enige tijd op de achtergrond geraakt, maar tegenwoordig staat het weer volop in de belangstelling door het werk van onderzoekers zoals de Schotse astronoom en parapsycholoog Archie Roy en Gary E. Schwartz van het zogeheten Veritas-programma[14] van de Universiteit van Arizona. Zij lijken er in geslaagd om waterdichte experimenten uit te voeren waaruit in ieder geval blijkt dat mentale mediums werkelijk paranormale informatie kunnen verschaffen over overledenen.

Fysisch mediumschap met paranormale informatie

In veel gevallen staan bij fysisch mediumschap de fysieke verschijnselen centraal en speelt de inhoud van eventuele boodschappen geen rol van betekenis. Toch kan er bij bepaalde sessies met fysische mediums paranormale informatie in het spel zijn.

Iets dergelijks geldt tevens voor het fenomeen instrumentele transcommunicatie (ITC), een gebied dat nog maar nauwelijks goed onderzocht is. De term instrumentele transcommunicatie slaat op het gebruiken van elektrische of elektronische apparaten om contact te leggen met geesten, zoals fotocamera's, televisies, radio's, videorecorders, bandrecorders en computers. Een deelgebied daarbinnen wordt gevormd door de zogeheten Electronic Voice Phenomena oftewel EVP, in het Nederlands ook wel aangeduid als bandstemmen. Konstantin Raudive en Friedrich Jürgenson deden bijvoorbeeld onderzoek naar mogelijke paranormale stemmen van overledenen die geregistreerd zouden zijn op een geluidsband. George W. Meek en een assistent genaamd William zouden vloeiend hebben gecommuniceerd met een overleden dokter, dr. Mueller, via een apparaat dat zij de Spiricom noemden. Dit verschijnsel is verwant aan het zogeheten Direct Voice Phenomenon van mediums zoals Leslie Flint. Hierbij zouden zich een soort kunstmatige stembanden materialiseren die vervolgens gebruikt worden voor het doorgeven van paranormale informatie. Het lijkt enigszins op spontane gevallen waarin mensen boodschappen van gene zijde lijken te krijgen door telefoontjes van overledenen.

Klaus Schreiber en Ernst Senkowski melden dat ze onder meer videobeelden van overledenen en paranormale teksten op hun computerscherm zouden hebben vastgelegd. Er is een aantal beweringen van dergelijke beoefenaars van instrumentele transcommunicatie dat (mits authentiek) echt zou kunnen wijzen op contact met overledenen, maar hier is helaas bijna nog geen onafhankelijk

---

[14] Volgens Schwartz zou dit programma in 2008 moeten zijn opgegaan in een breder project naar paranormale communicatie, het Sophia-programma genaamd.

onderzoek naar verricht. Een Nederlandse expert op het gebied van de instrumentele transcommunicatie is Dr. Anita Laverman. Er bestaat verder een Nederlandse organisatie. het WENT, van onder andere Remko Ehrhardt die met EVP heeft geëxperimenteerd. Ik heb Anita Laverman en enkele leden van het WENT persoonlijk ontmoet en ze maken allemaal een oprechte indruk. Het lijkt er werkelijk op dat ze in de loop der tijd een aantal opnames van paranormale bandstemmen hebben gemaakt.

Wat houdt mediumschap in?

De skeptische verklaring van de verrichtingen van mediums is tamelijk eenvoudig. Het gaat in alle gevallen om normale factoren, zoals bedrog, zelfbedrog en dissociatie. Bij dissociatie vindt er onbewust een splitsing van een deel van iemands persoonlijkheid plaats, waarna het afgesplitste deel min of meer zelfstandig lijkt te kunnen functioneren, dat wil zeggen los van de normale of hoofdpersoonlijkheid. Op zich is dit nog geen teken van een psychiatrische aandoening en in talloze culturen zouden dissociatieve verschijnselen een rol kunnen spelen als bron[15] of ter ondersteuning[16] van religieuze overtuigingen. Het gaat echter per definitie alleen om psychologische processen van het medium zelf.

Joop Doorman van Stichting Skepsis heeft in een ruimer verband gesteld dat het van belang is om respect op te brengen voor de levensbeschouwelijke overtuigingen van mensen. Dit geldt natuurlijk evenzeer voor spiritistische overtuigingen. Zolang zij niet gepaard gaan met uitwassen zoals uitbuiting of sekte-vorming is het geen probleem als mensen een spiritistisch wereldbeeld aanhangen. Integendeel zelfs, hun overwegend positieve opvattingen kunnen van grote waarde zijn.

De benadering van mediumschap van de kant van het spiritisme (als religieuze beweging) ziet er uiteraard heel anders uit. Mediums zouden volgens spiritisten beschikken over een speciale psychologische, lichamelijke of fijnstoffelijke constitutie die hen meer dan gemiddeld geschikt zou maken als communicatie- of informatiekanaal. Hoewel onbewuste processen van het medium zelf niet worden uitgesloten, gaat men er meestal toch van uit dat er bij séances daadwerkelijk contact met overledenen tot stand komt. Veel spiritisten voelen er overigens niets voor om deze theorie te laten toetsen door zelfstandige parapsychologen. Zelf heb ik meer dan eens meegemaakt dat men

---

[15] Denk aan profeten die menen dat zij een boodschap van een godheid of engel ontvangen..

[16] Bijvoorbeeld door middel van sjamanistische trances.

een voorstel tot onafhankelijk onderzoek opvatte als een motie van wantrouwen tegen zowel het medium als de betrokken geesten. Gelukkig geldt dit niet voor alle spiritisten, want anders had men natuurlijk nooit systematisch onderzoek naar de verrichtingen van mediums kunnen doen. Ook tegenwoordig zijn er nog mediums zoals Allison DuBois[17] die bereid zijn zich te laten onderzoeken.

Parapsychologisch onderzoek heeft geleid tot verschillende theorieën over paranormale aspecten van mediumschap die je globaal genomen kunt onderverdelen in enerzijds de zogeheten animistische of Super-PSI[18]hypothese en anderzijds de 'spiritistische' of survival-hypothese.

Volgens de eerste theorie worden alle paranormale verschijnselen tijdens séances door het medium (en eventueel de aanzitters) zelf veroorzaakt. De term animisme verwijst in dit verband naar het begrip *anima*, dat wil hier zeggen de onbewuste ziel of geest van het medium waaruit alles voort zou komen. Super-PSI verwijst naar buitengewone paranormale vermogens die in ieders onbewuste geest schuil zouden gaan en met name tijdens spiritistische sessies geactiveerd zouden worden. Er is dus geen sprake van skepsis ten opzichte van paranormale informatie of fysieke verschijnselen die in verband met mediums kunnen optreden.

Volgens de tweede theorie is er weliswaar (mogelijk) een rol weggelegd voor onbewuste processen van levenden, waaronder onbewuste ESP en psychokinese, maar daarnaast zou er een harde kern bestaan van fenomenen die alleen bevredigend verklaard kunnen worden door de inwerking van overledenen. Het woord 'spiritistisch' geeft in dit verband simpelweg aan dat men het (in elk geval gedeeltelijk) eens is met de manier waarop spiritisten zelf tegen mediumschap aankijken. Het kan verder nog verwijzen naar *spiritus*, dat in dit verband 'geest van een overledene' betekent.

Tegenwoordig spreekt men echter onder invloed van de Engelstalige literatuur eerder van een zogeheten *survival*-hypothese, dat wil zeggen een theorie die uitgaat van een overleven na de dood, waarmee men tenminste een deel van het bewijsmateriaal zou moeten verklaren. De paranormale aspecten van mediumschap zijn op die manier niet alleen van belang voor de vraag of er daadwerkelijk contact gelegd kan worden met gestorven mensen, maar ook voor de vraag of men na de dood nog bij bewustzijn kan zijn[19].

---

[17] Ook in Nederland bestaan er zulke mediums en Stichting Athanasia wil trachten hun ervaringen nader te onderzoeken.

[18] Of Super-ESP, als het om mentale mediums gaat.

[19] Een thema dat extra actueel is door het verschijnen van het boek 'Eindeloos Bewustzijn' van Pim van Lommel.

Bijzondere aanwijzingen ten gunste van de survival-hypothese

Volgens aanhangers van de survival-hypothese (zoals ondergetekende) bestaan er twee vormen van overdracht van paranormale informatie via mentale mediums waarvan het bijzonder onaannemelijk lijkt dat ze gegenereerd zijn door het medium zelf. We hebben het dan over:

Kruiscorrespondenties, waarbij een overledene ongemerkt verschillende, los van elkaar opererende mediums zou beïnvloeden zodat deze samen een boodschap doorkrijgen. De voornaamste kruiscorrespondenties vonden plaats in de periode 1901-1932 en men maakte gebruik van automatisch schrift. De bronnen van de kruiscorrespondenties zouden hebben bestaan uit de eerste drie overleden pioniers van de Britse Society for Psychical Research, namelijk F.W.H. Myers, Henry Sidgwick en Edmund Gurney. De teksten zelf waren fragmentarisch, cryptisch en onsamenhangend en er werd veel symboliek in gebruikt. Er zijn tientallen kruiscorrespondenties bewaard gebleven bij de SPR. Volgens de Britse onderzoeker Alan Gauld zitten er talloze passages tussen waarbij de boodschappen aan verschillende mediums op elkaar aansloten zonder dat dit aan toeval kon worden toegeschreven. In parapsychologische kringen worden kruiscorrespondenties om die reden gezien als erg belangrijk bewijsmateriaal voor contact met overledenen. Daarbij moet wel worden aangetekend dat kruiscorrespondenties door hun duistere, puzzel-achtige structuur niet bepaald gemakkelijk te analyseren zijn. Voor de paranormale passages zou men als animist echter moeten veronderstellen dat een of meer van de mediums onbewust het hele proces zou sturen. Dit zou hoe dan ook een nieuw fenomeen zijn, waar voor zover ik weet verder nog geen bewijsmateriaal voor bestaat. Om die reden lijkt het er werkelijk op dat de controle over het hele proces van 'buiten' komt.

Toevallige aanwippers, oftewel 'drop-in communicators' (DICs, kortweg: drop-ins), waarbij overledenen die bij geen van de aanwezigen bekend zijn, zomaar zouden komen 'binnenvallen' bij mediums. In sommige gevallen zijn er dan wel levenden die hoopten dat de overledene in kwestie zich zou manifesteren via dit specifieke medium, maar soms is zelfs dat niet aan de orde.

Tenzij drop-in communicators zich aandienen binnen een context waarin men nu juist uit is op dergelijke aanwippers, zijn de gevallen moeilijk op een andere wijze te verklaren dan door daadwerkelijk contact met overledenen. Een voorbeeld, bestudeerd door Alan Gauld, betreft een groep mensen in Cambridge die tijdens en na de Tweede Wereldoorlog séances hielden met een ouija-bord. Tijdens een aantal zittingen tussen 1950 en 1952 kwam er een entiteit door die zichzelf 'Harry Stockbridge' noemde (pseudoniem) en vermeldde dat hij een Second Lieutenant was geweest, verbonden aan de Northumberland Fusiliers. Hij zou op 14 juli 1916 zijn gestorven. Verder vertelde hij nog dat hij lang, donker en dun was geweest en grote bruine ogen had gehad. Gauld bestudeerde dit geval enkele jaren later en stelde vast dat een Second Lieutenant H. Stockbridge vermeld stond in een boek over gevallen officieren uit de Eerste Wereldoorlog. Stockbridge hoorde bij de Northumberland Fusiliers en was volgens het boek op 19 juli 1916 overleden. Alan Gauld controleerde de overlijdensdatum bij het *Army Records Centre* en dit centrum verklaarde dat de juiste datum 14 juli was. Gauld slaagde er bovendien in om broers van Stockbridge te traceren die verklaarden dat hij inderdaad lang, donker en dun was en grote bruine ogen had. Bovendien wist Gauld normale verklaringen voor dit geval uit te sluiten.

Bij sommige vormen van instrumentele transcommunicatie wordt eveneens melding gemaakt van toevallige aanwippers, maar helaas zijn die tot nu toe veel minder grondig door derden gecontroleerd.

Ongezochte, tot dan toe onbekende informatie kan zich tevens voordoen bij bekende overledenen met wie men doelbewust contact zoekt. Hierbij lijkt het erop dat een overledene spontaan belangrijke informatie door wil geven waar verder niemand (van de aanwezigen) iets van af wist of op uit was.

Daarnaast zijn er ook nog gevallen van trance mediumschap waarin er meer aan de hand lijkt dan alleen informatie. Er lijken zich namelijk ook *paranormale vaardigheden* voor te doen. Zo zouden sommige mediums in staat zijn tijdens een trance begrijpelijke boodschappen in een taal door te geven die ze zelf nooit in dit leven hebben geleerd (xenoglossie). Dan zijn er nog gevallen waarin overleden kunstenaars en musici tijdelijk bezit lijken te nemen van een medium, of waarin het lichaam van mediums zou worden benut voor het uitvoeren van zogeheten paranormale chirurgie. Spectaculaire voorbeelden van zulke vaardigheden worden bijvoorbeeld meer dan eens gemeld door Braziliaanse parapsychologen. Het is overigens de vraag of zij allemaal op waarheid berusten. Van het bekende Braziliaanse medium Chico Xavier is bijvoorbeeld lange tijd beweerd dat hij bijna geen opleiding had genoten, maar kort geleden zou dit ontkracht zijn door berichten dat hij enorm belezen was. Dit zou een deel van zijn prestaties alsnog normaal kunnen verklaren. Het is te hopen dat zelfstandige onderzoekers zich over de beschikbare gegevens buigen en betrokken raken bij onderzoekingen naar nieuwe mediums.

In het Westen zijn er ook een paar mediums bekend die gebruikt zouden zijn als voertuig van overleden musici en kunstenaars, waaronder Rosemary Brown en Matthew Manning.

Aanhangers van de survival-hypothese vinden paranormale vaardigheden van belang omdat deze niet verklaard kunnen worden door buitenzintuiglijke waarneming. Bij een vaardigheid komt namelijk niet alleen informatie kijken, maar ook oefening. Als een medium daarom opeens dingen zou kunnen die hij of zij nooit in dit leven heeft aangeleerd wijst dit sterk op een manifestatie van een andere, zelfstandige entiteit.

Bij fysisch mediumschap lijkt in principe eigenlijk altijd wel een animistische verklaring mogelijk, dat wil zeggen dat de verschijnselen eventueel onbewust veroorzaakt zouden kunnen zijn door levenden die graag in contact willen staan met de geestenwereld. De enorme opwinding waarmee de verschijnselen meestal omgeven zijn, is dus wel terecht als je bedenkt dat het om indrukwekkende vormen van psychokinese gaat, maar niet in de specifiek mediamieke zin. Om dit te staven creëerde een Canadese studiegroep in Toronto kunstmatig een 'geest' genaamd Philip die naar alle waarschijnlijkheid diverse paranormale fysische verschijnselen veroorzaakte. Ik vind het jammer dat er naast de overtrokken skepsis tegenover fysisch mediumschap vaak ook nog sprake is van een naïviteit over de mogelijkheid van macro-PK van levenden.

Super-PSI

Hein van Dongen wijst er in zijn boek *Geen gemene maat* op dat de interpretatie van spiritistische fenomenen hoe dan ook samenhangt met iemands ruimere theoretische kader. Zo zal een animist of aanhanger van de Super-PSI theorie altijd wel een manier weten te vinden om bewijsmateriaal dat op een echte inbreng van een overledene lijkt te wijzen alsnog te verklaren als uiting van de onbewuste geest van het medium of de aanzitters zelf. Bij een drop-in communicator zou je dan bijvoorbeeld moeten denken aan een onbewuste behoefte om een bewijs voor contact met gene zijde te leveren. Dit zou het medium er toe aan zetten om via retrocognitie (helderziendheid met betrekking tot het verleden) informatie te verzamelen over een volslagen onbekende persoon. Het aanknopingspunt zou daarbij 'negatief' zijn, dat wil zeggen dat het in elk geval zou moeten gaan om iemand die bij niemand van de aanzitters bekend is. De informatie over de drop-in communicator kan met andere woorden in principe altijd door onbewuste helderziendheid van het medium zelf verkregen zijn. Ook voor het motivationele aspect zou er een verklaring zijn, omdat mediums zoals gezegd standaard de behoefte zouden hebben om bewijzen te leveren. Uiteraard wordt deze redenering tegengesproken door aanhangers van de voortbestaanshypothese die bijvoorbeeld wijzen op gevallen waarin zo'n motief erg onwaarschijnlijk lijkt. Een sterk argument luidt dat er drop-in communicators bestaan waarbij mediums of aanzitters zelf helemaal geen interesse toonden in verificatie. De animist kan hier alleen nog tegen inbrengen dat de onbewuste geest 'ondoorgrondelijk' is en dus altijd verborgen motieven kan hebben, zelfs wanneer die rationeel gezien onbegrijpelijk lijken. Soms wordt hierbij bijna achteloos verwezen naar een 'non-locaal bewustzijnsveld' of Akasha-kroniek als een soort *theory of everything*. We hebben op zo'n moment volgens mij echt te maken met de achilleshiel van de Super-PSI theorie.

Anderzijds zijn er tijdgenoten zoals de psycholoog David Fontana die denken dat alle paranormale verschijnselen bij séances berusten op de inwerking van overledenen. Volgens hen beschikken gestorven mensen over totaal andere vermogens dan levende mensen en kunnen alleen ontlichaamde geesten verantwoordelijk zijn voor de geconstateerde fenomenen. In feite is dit een oude theorie uit de begintijd van het spiritisme, die zelfs door religieuze spiritisten nauwelijks meer wordt aangehangen. Zij berust op de gedachte dat er weliswaar enig bewijsmateriaal bestaat voor paranormale vermogens van levenden, maar dat dit niet in verhouding staat tot de spectaculaire materialisaties of uitgebreide paranormale informatie die worden gemeld in verband met mediumschap. Deze extreme positie is moeilijk overeind te houden. Kenneth Batcheldor heeft bijvoorbeeld geprobeerd om fysieke verschijnselen als tafeldansen en levitaties te produceren door middel van psychokinese van levenden. Hij gebruikte daarbij omstandigheden die sterk doen denken aan spiritistische séances en zou volgens diverse bronnen werkelijk psychokinetische fenomenen hebben opgewekt. Toch zullen sommigen zelfs dit soort resultaten nog willen verklaren door de hypothese dat geesten van overledenen de onderzoekers ter wille wilden zijn. Zelfs de klaarblijkelijke creatie van een pseudo-overledene in het geval Philip uit Toronto kan in hun ogen nog spiritistisch verklaard worden, namelijk doordat men een willekeurige geest aantrekt die bereid is de verzonnen persoonlijkheid aan te nemen. Soms komen de verklaringen van dit type spiritisten net zo gesloten en dogmatisch over als de verklaringen van verstokte animisten.

Wat paranormale informatie betreft geldt dat er naar alle waarschijnlijkheid paragnosten zijn die in staat zijn tot vergelijkbare prestaties zonder dat ze zelf geloven de informatie van overledenen door te krijgen. Bovendien hebben spiritistische mediums zoals gezegd vaak controles of gidsen die erg exotisch en onrealistisch aandoen. Het zou bijvoorbeeld gaan om ontwikkelde geesten van indianen of Tibetanen van wie het historische bestaan niet aantoonbaar is. Het lijkt er dus sterk op dat we hierbij te maken hebben met een deelpersoonlijkheid van het medium zelf. Kennelijk is niet alles wat er gebeurt bij séances het werk van overledenen.

Er is echter een evenwichtige *tussenpositie* mogelijk. Deze wordt aangehangen door zowel ontwikkelde spiritisten als veel parapsychologen die uitgaan van een voortbestaan na de dood. Hierbij wordt erkend dat de onbewuste geest van het medium (en eventueel andere betrokkenen) vaak verantwoordelijk is voor wat er tijdens een sessie zoal plaatsvindt, maar dan zonder dat het bewijsmateriaal voor echte invloeden van overledenen weg wordt verklaard. Paranormale vermogens van levenden zijn niet in strijd met paranormale vermogens van overledenen en het vormt theoretisch gezien geen probleem voor de survival-hypothese als sommige verschijnselen door levenden zelf veroorzaakt worden. Deze theorie maakt het mogelijk om op zoek te blijven gaan naar eenduidig bewijsmateriaal voor contact met overledenen, zonder je in dit verband tevreden te stellen met paranormale verschijnselen in het algemeen. Natuurlijk zijn alle paranormale fenomenen parapsychologisch beschouwd reuze interessant, maar niet alles wat er tijdens séances optreedt is even relevant tijdens de zoektocht naar specifiek bewijsmateriaal voor contact met overledenen.

Hoe verder?

Het voorgaande is van belang voor de vraag hoe het verder moet, als we zowel onbewuste ESP en psychokinese van levenden als daadwerkelijk communicatie en inwerking van overledenen serieus willen nemen. Je ziet nog steeds regelmatig dat onderzoekers bijna uitsluitend op zoek gaan naar 'dingen die je niet kunt verklaren vanuit de gevestigde wetenschappen'. Bij onderzoeken met mentale mediums wordt er terecht veel aandacht besteed aan het uitsluiten van normale bronnen van informatie, maar het is de vraag of er voldoende rekening gehouden wordt met telepathie met de aanzitters of hun achterban. Bij onderzoeken naar fysisch mediumschap (waaronder materialisatie) zijn mensen vaak zozeer bezig met de spectaculaire fysieke verschijnselen die daarbij eventueel kunnen optreden dat ze nauwelijks meer stilstaan bij de vraag waar die vandaan kunnen komen. Op deze manier wordt er hoogstens bewijsmateriaal verzameld voor het bestaan van macro-psychokinetische verschijnselen en vergaande vormen van buitenzintuiglijke waarneming en niet of nauwelijks specifiek voor het bestaan van communicatie met overledenen.

Aangezien veel resultaten op dit gebied verklaard kunnen worden door inwerkingen van onbewuste processen van de deelnemers zelf, is het van belang dat het onderzoek zich voortaan volledig concentreert op gevallen waarbij genoemde verklaring op zijn minst erg onaannemelijk is. Dit betekent ironisch genoeg dat *experimenten* met mediums heel weinig zin hebben voor de vraag van contact met gene zijde. Bij zulke experimenten verwacht je een hoge motivatie om prestaties te leveren, wat onbewust inderdaad zou kunnen leiden tot het nabootsen van bijvoorbeeld kruiscorrespondenties of drop-in communicators. Alleen in het geval van paranormale vaardigheden zoals het spreken van een taal die het medium nooit in dit leven geleerd heeft zou dit anders liggen, maar hier zijn volgens mij geen of weinig gecontroleerde experimenten mee gedaan.

Mediumschap lijkt dus typisch een gebied dat het vooral moet hebben van casuïstisch onderzoek gericht op spontane gevallen onder mediums die (hoe paradoxaal dat ook klinkt) *niet* de intentie hebben om wetenschappelijke bewijzen te leveren voor postume communicatie.

Wat bezielt de geesten?

Uitgaande van de realiteit van de mediamieke communicatie met overledenen kan men zich afvragen wat de betrokken geesten bezielt om contact met levenden te zoeken. Het zou mij niets verbazen als het antwoord nogal voor de hand zou liggen. Net als geesten in een stoffelijk lichaam worden overledenen waarschijnlijk gemotiveerd door principes als liefde, de behoefte aan communicatie, het verlangen om anderen te beschermen, etc. Sommige vormen van mediumschap wijzen op de mogelijkheid dat er ook in het hiernamaals lieden zijn die doelbewust een brug willen slaan naar de 'andere kant', dat wil in dit geval zeggen: de aarde.

Volgens sommige esoterische stromingen, evenals bepaalde christelijke groeperingen, zou het per definitie verkeerd zijn om actief te streven naar communicatie met gestorven geliefden. Het zou ertoe kunnen leiden dat men de rust van overledenen verstoort en hen in het uiterste geval dwingt tot contact, vergelijkbaar met het middeleeuwse concept *necromantie*. Bovendien zou men vooral 'aardgebonden', lage zielen aantrekken die zich alleen maar voordoen als familieleden, vrienden en kennissen, maar dat niet zijn. In de film *White Noise* is dit oude idee weer eens op gruwelijke wijze uitgebeeld.

De beste aanwijzingen voor daadwerkelijk mediamiek contact impliceren echter helemaal niet dat het daarbij om een immoreel of gevaarlijk verschijnsel gaat. Uiteraard sluit dit niet uit dat vooral naïeve, lichtzinnige aanzitters psychologisch in de problemen kunnen komen als ze zomaar experimenteren met technieken als glaasjedraaien. Het is in het algemeen onverantwoord om zonder goede voorbereiding of begeleiding bezig te zijn met mediumschap.

Hoofdstuk 16. Telepathische dromen over overledenen

Kort nadat mijn vader op 63-jarige leeftijd aan kanker was overleden, droomde ik een paar keer over hem. Enkele van mijn dromen leken slechts te berusten op de gebruikelijke associaties tussen herinneringen zonder dat ze verder nog iets betekenden. Zo maakten we samen een reis door een fictieve stad en bespraken daarbij onbestaande uitdrukkingen in het Spaans. Maar in minstens één geval leek er echt even sprake van geestelijke communicatie. Het ging om een sobere droom, waarin mijn vader me mild maar bezorgd toesprak en zei dat hij graag zag dat ik me bekommerde om mijn moeder. Er klonk geen verwijt in door en zijn boodschap berustte voor zover ik kan overzien ook niet op schuldgevoelens. Hij drukte slechts de wens uit dat ik op haar welzijn zou letten nu hij overleden was.

Theoretisch kader

De vraag of het mogelijk is om in dromen contact te maken met overledenen hangt vanzelfsprekend samen met een ruimer theoretisch kader rond een leven na de dood. Indien er geen leven na de dood bestaat, wordt ook de vraag naar contact met overledenen direct al onzinnig. En als je alleen via de normale lichamelijke zintuigen en motoriek contact met iemand kunt maken, is het bij voorbaat uitgesloten dat je in dromen (of daarbuiten) ooit werkelijk te maken krijgt met geestelijke boodschappen uit het hiernamaals.

Merkwaardig genoeg schijnen skeptici te denken dat alleen een wereldbeeld volgens welke er geen 'rare zaken' als een leven na de dood of telepathie bestaan echt rationeel kan zijn (Rivas 2004). Om die reden beschouwen ze de gedachte van paranormale dromen over overledenen als een soort waan. Ze verwijzen daarbij graag naar correlaties tussen hersenen en geest die volgens hen zouden aantonen dat er geen leven na de dood kan zijn en weigeren gemakshalve om parapsychologisch bewijsmateriaal serieus te nemen. Zelf denk ik dat het weinig zin heeft om steeds maar weer met skeptici in debat te gaan over fundamentele theoretische vraagstukken. Naar mijn mening is er al jaren meer dan voldoende bewijsmateriaal voor persoonlijk overleven na de dood en voor ESP, zodat het idee van telepathische dromen over overledenen beschouwd mag worden als een rationeel en wetenschappelijk concept. De laatste tijd wordt het verschijnsel van telepathische communicatie met een overledene in dromen in het Engels ook wel aangeduid als een "Sleep-state

ADC", dat wil zeggen een vorm van *After Death Communication* die tijdens de slaap plaatsvindt in de vorm van een levendige telepathische droom. De afkorting ADC is populair geworden door het onderzoek van het voormalige echtpaar Bill en Judy Guggenheim (1997).

Eén van de succesvolste methoden van het experimentele parapsychologische onderzoek betreft de zogeheten Ganzfeldmethode (Rivas, 2004). Proefpersonen krijgen daarbij halve pingpongballetjes voor hun ogen en een koptelefoon op waarop alleen ruis te horen valt, met de bedoeling om alle normale externe stimuli zoveel mogelijk uit te sluiten terwijl men zich concentreert op buitenzintuiglijke indrukken. Deze methode is ontwikkeld vanuit de droom-experimenten met ESP van onder andere Montague Ullman en Stanley Krippner aan het *Maimonides Medical Centre* in New York. De gedachte hierachter is dat mensen in hun slaap minder onderhevig zijn aan zintuiglijke prikkels dan in waaktoestand en berust onder meer op resultaten van onderzoek naar spontane telepathische en precognitieve ervaringen die veelal tijdens dromen optreden. Uit dit alles mogen we afleiden dat wanneer overledenen telepathisch contact met ons zoeken dat contact wel eens extra gemakkelijk zou kunnen plaatsvinden terwijl we dromen.

Afbakening

Zoals ik boven al aangaf, draait natuurlijk niet *elke* droom over een overledene meteen om telepathisch contact. Dromen hebben heel vaak te maken met associaties en de verwerking van allerlei herinneringen. Soms worden beelden uit het verleden ook gebruikt als symbool. Een overleden moeder kan bijvoorbeeld staan voor een geborgen jeugd (of juist het tegendeel). Dromen over gestorven geliefden kan bovendien te maken hebben met een rouwproces, waarbij men het gemis van de persoon in kwestie een plaats probeert te geven en eventueel ook in het reine tracht te komen met de specifieke omstandigheden waaronder hij of zij overleden is.

Daarom is het zeker belangrijk om vast te stellen in welke gevallen we waarschijnlijk echt te maken hebben met telepathische dromen over overledenen. Daarbij moeten we wel beseffen dat niet alle dromen even duidelijk te categoriseren zijn. Het staat iedereen natuurlijk vrij om zulke dromen naar eigen inzichten te interpreteren. Mijn eigen droom over mijn gestorven vader voelt bijvoorbeeld aan als een geval van echte telepathie, en daar verandert niets aan wanneer ik dat niet nader kan onderbouwen met argumenten.

Bij welke soort dromen is het nu, binnen het algemene theoretische kader van een persoonlijk overleven na de dood plus buitenzintuiglijke waarneming,

aannemelijk dat ze werkelijk berusten op een telepathisch contact met overledenen? Ik kan me in elk geval twee typen dromen voorstellen die het gemakkelijkst op die manier geïnterpreteerd kunnen worden:
- Dromen waarin bekende overledenen de dromer informatie verschaffen waar hij of zij van tevoren nog niet over beschikte.
- Dromen over onbekende overledenen die later overeenkomen blijken te komen met de feiten.

Dromen over bekende overledenen

Veel telepathische dromen over iemand die gestorven is, lijken bedoeld om degene die droomt op de hoogte te stellen van het overlijden van de persoon in kwestie. Zo citeert de Franse onderzoeker Camille Flammarion (1923) in zijn klassieke werk *Na den dood* (eindnoot 2) ene Frédéric Winfield uit Belle-Isle-en Terre (blz. 104): "In de nacht van 25 maart 1880 droomde ik dat ik mijn broer Richard Wingfield-Baker, op een stoel voor mij zag zitten. Ik zei iets tegen hem; hij knikte alleen maar even, bij wijze van antwoord; stond toen op en ging de kamer uit. Ik werd wakker en merkte dat ik overeind stond, met één been op de vloer dicht bij het bed, en het andere op mijn bed en dat ik trachtte te spreken en de naam van mijn broer uit te spreken. De indruk dat deze werkelijk aanwezig was, was zo sterk en het hele droomtafereel was zo levendig geweest, dat ik de slaapkamer uitliep om mijn broer in de salon te zoeken, waar echter niemand was. Ik had toen het gevoel dat er een ongeluk op til was en ik tekende deze 'verschijning' op in mijn dagboek, met de opmerking: "God verhoede het!" Drie dagen later ontving ik bericht dat mijn broer die dag overleden was, om half negen, aan de gevolgen van een val bij het jagen." Sommige parapsychologen die niet uitgaan van de realiteit van een leven na de dood zullen proberen deze droom te verklaren door middel van terugschouw of (crisis)telepathie op het moment van het overlijden zelf. Dit is echter alleen aannemelijker dan werkelijk contact met een overledene als je al bij voorbaat stelt dat er geen overleven bestaat of kan bestaan.

Soms gaat de boodschap die een overledene in een droom verstrekt verder dan alleen dat het gegeven dat hij gestorven is. Zo droomde de moeder van een eigenares van een vermiste Engelse Mastiff, Fife genaamd, dat deze kwispelend op een heuvel stond. De hond keek naar beneden en daar zag de vrouw zijn gehavende, levenloze lichaam. De volgende morgen nam ze haar dochter mee en liep naar de plek waar ze over gedroomd had. Ze vonden het lijf van Fife terug, precies zoals het eruit had gezien in haar droom.

Een bekend geval met informatie die nog niet bekend was aan de dromer is dat van James Chaffin. Het wordt meestal behandeld als een geval van verschijning (Rivas, 2003b), maar deze verschijning vond wel tijdens een droom plaats. Een boer uit North Carolina, James Chaffin, kwam in 1921 plotseling te overlijden bij een ongeluk. In 1905 had hij een testament opgesteld waarin hij zijn hele bezit naliet aan zijn zoon Marshall. Zijn vrouw en andere kinderen kregen niets van de erfenis. In 1925 kreeg een andere zoon, James Chaffin Jr., een droom waarin zijn vader gekleed in een zwarte overjas aan hem verscheen. Hij hield zijn jas op een bepaalde manier vast en trok hem naar achteren. Daarna zei hij: "Je zult mijn testament in de zak van mijn overjas vinden" en verdween weer. James vond de jas en in de binnenzak vond hij een stuk papier met de woorden "Lees het 27e hoofdstuk van Genesis in de oude bijbel van mijn vader". Toen de bijbel was teruggevonden, stelde James in het bijzijn van getuigen vast dat er tussen dichtgevouwen bladzijdes waarop het 27e hoofdstuk van Genesis was gedrukt een ander testament, van 16 januari 1919.

Het tweede testament werd goedgekeurd door een rechtbank en in december 1925 ten uitvoer gebracht. Skeptici hebben tegen dit geval ingebracht dat het vreemd is dat James Chaffin Sr. zijn tweede testament op zo'n onwaarschijnlijke plaats heeft verstopt. Maar W.H. Salter (1961), die het geval vastlegde voor de Engelse *Society for Psychical Research* benadrukt dat een Amerikaanse advocaat hem uitlegde dat dergelijk gedrag helemaal niet ongeloofwaardig is voor boeren in die streek.

Voorts zijn er gevallen waarin een overledene in een droom onverwachts laat weten dat hij een levende bijstaat. Flammarion noemt wat dit betreft de ervaringen van Meneer Holbrook, redacteur van de *Herald of Health* te New York die hem op 30 juli 1884 schreef (blz. 220-221):

"In de lente van 1870 kreeg ik een hevige aanval van bronchitis, waar ik ernstig ziek van was, en daar ik al verscheidene jaren lang ieder voor- en najaar zulk een aanval kreeg, werd ik daar ernstig ongerust over; ik dacht dat die kwaal chronisch zou worden en wellicht een noodlottige afloop zou nemen. Ik was jong en stond aan het begin van een loopbaan, waarin ik lang hoopte te blijven, dus maakte dat vooruitzicht mij zeer neerslachtig.

Eens viel ik in een vrij diepe slaap en had deze droom, welke ik mij nog zeer goed herinner: Mijn zus, die reeds meer dan twintig jaar dood is en die ik bijna vergeten was, kwam naar mijn bed en zei: "Wees toch niet bezorgd over je gezondheid; wij zijn gekomen om je te verplegen; je hebt nog veel te doen in de wereld." Toen verdween zij en het was of mijn hersenen geëlektriseerd waren door de aanraking met een batterij; de indruk was echter niet pijnlijk, maar heerlijk. De stroom ging omlaag en was heel sterk voelbaar in de borst en de longen. Vandaar verspreidde hij zich tot in de uiteinden van de ledematen en veroorzaakte een aangename warmte. Ik werd bijna onmiddellijk daarop wakker en voelde mij heel lekker. Sindsdien ben ik nooit meer ziek geweest. De verschijning van mijn zuster was heel vaag, maar haar stem heel duidelijk. Er was mij nog nooit iets dergelijks overkomen en nadien overkwam mij ook nooit meer zoiets."

Veel recenter hebben Anny Dirven en ik een vergelijkbare ervaring bestudeerd van haar man, Wim Stevens (Rivas & Dirven, 2004). Deze kreeg op 4 oktober 2002 terwijl hij herstellende was van een hartinfarct een droom over een jong meisje dat hij niet herkende. Het meisje vertelde hem dat ze hem "al eerder had willen helpen", maar dat hij toen nog te ziek was. Wim werd, zoals in die periode wel vaker gebeurde, rond kwart voor 4 's ochtends bezweet wakker. Alleen voelde hij zich, anders dan andere dagen, heel fijn. Hij kon elke lichamelijke houding aannemen zonder ergens last van te krijgen. De dagen ervoor had hij 's morgen telkens pijn bij het ontwaken en was zijn lichaam verkrampt geweest. Vandaar dat hij deze ochtend nog even "Dank je wel!"zei tegen het meisje uit de droom. Hij voelde zich erg ontroerd door de droom en wou hem dan ook direct kwijt aan zijn vrouw Anny Dirven, een paranormaal genezeres. Toen zij mij hierover had ingelicht, liet ik haar vragen aan Wim of hij soms een jong meisje kende dat pas geleden gestorven was? Anny Dirven kreeg daarbij onaangekondigd de naam We(e)gels 'door'. Dit soort mogelijk indrukken had zij daarvoor al wel eens eerder gekregen over andere onderwerpen, zodat ze er ook nu wel enige waarde aan hechtte. Anny liep naar beneden en vroeg Wim of deze naam hem misschien iets zei.Wim reageerde als volgt: "Hoe kom je daaraan? Dat heb ik jou nooit verteld. Dat waren vroeger in mijn jeugd onze buren en ze woonden toen in Budel Dorplein. En daar kwam ik veel. Daar hadden ze een meisje dat Mia heette. Ze is met 10 of 11 jaar overleden. Ik kan dat nog zo voor mijn geest halen. Ze kreeg vaak de stuipen en was heel dik van het vocht dat haar lichaam vasthield. Ze zag eruit alsof ze helemaal was opgeblazen en is op een gegeven moment gestikt. Op het laatst van haar jonge leven lag ze op bed en ze kwam er niet meer uit. Ik speelde spelletjes met haar, zoals kaarten, raadseltjes en mensergerjeniet, enz." Anny stelde enkele weken later via via vast dat het meisje dat Wim in zijn jeugd vaak gezelschap had gehouden inderdaad Mia Weegels heette. Het meisje was geboren op 26 september 1933 en aan haar ziekte overleden in augustus 1942, dat wil zeggen op ongeveer negenjarige leeftijd, toen Wim zelf zo'n elf jaar oud was. Wim en Anny zijn er allebei van overtuigd dat ze het nooit met elkaar over dit meisje hadden gehad voordat de droom ter sprake kwam.

Nog een volgende categorie betreft zogeheten telepathische 'departing' of

165

'departure dreams' in verband met gevallen van jonge kinderen met herinneringen aan vorige levens (Stevenson, 1987, 1997). Ze vormen de tegenhanger van aankondigingsdromen waarbij iemand in de naaste omgeving van zo'n kind informatie doorkrijgt over zijn of haar vorig leven. Bij departing dreams is de overledene bekend aan de dromer en vertelt hij deze over zijn lotgevallen na de dood. Een voorbeeld daarvan wordt beschreven door Ian Stevenson in zijn *Reincarnation and Biology*. Ali Köyabasi uit Hatun Köy (Turkije) werd in januari 1963 vermoord. Slechts enkele dagen later werd er in de plaats Büyükdere een jongen genaamd Mehmet Samioglu geboren. Rond zijn tweede jaar maakte deze zich bekend als de reïncarnatie van Ali, de zoon van Süleyman Köybasi uit Köy. Na de dood van Ali had zijn vrouw Emine van tevoren al gedroomd dat hij wedergeboren was in het district van Büyükdere. Stevenson vermeldt in zijn boek *Children who remember previous lives* dat dit type dromen ook nog voorkomt nadat het kind al enige tijd bij zijn nieuwe familie woont (blz. 100): "In één zo'n geval droomde moeder van een man die overleden was, dat haar zoon aan haar verscheen en zei: "Help! Ik ben bij een arme familie beland. Kom me redden". Ze kreeg voldoende informatie in de dromen om het kind op te sporen, die (later) herinneringen had aan het leven van haar zoon. In twee andere gevallen deelde een veronderstelde persoonlijkheid uit het vorige leven van een baby zijn ontevredenheid met de situatie van die baby mede (via een droom van een familielid uit het vorige leven). In één geval, klaagde de vorige persoonlijkheid erover dat de vader van de baby teveel alcohol dronk; in het andere beweerde de vorige persoonlijkheid dat de moeder van de baby hem vooral te eten gaf als het haar uitkwam, en niet zozeer wanneer hij er behoefte had, en dat bezorgde de baby honger."

Tot slot zijn er ook nog dromen over een overledene die later inhoudelijk bevestigd worden door een kind dat beweert diezelfde overledene te zijn geweest in zijn vorige leven. Wat dit betreft heb ik zelf al meermalen gewezen op het geval van de Indiase jongen Veer Singh die zich een vorig leven herinnerde als ene Som Dutt (Rivas, 2003a). Ian Stevenson beschrijft interessante herinneringen van Veer Singh aan een tussenperiode tussen zijn vorige leven en het huidige, die overeenkwamen met dromen van de moeder van Som Dutt (blz. 328-329): "Hij zei dat hij alle familieleden die alleen van huis gingen had begeleid [als geest]. Deze uitspraak kwam overeen met een droom die de moeder van Som Dutt enkele maanden na zijn dood had gehad (in oktober 1937), waarin Som Dutt aan haar verscheen en vertelde dat zijn oudere broer, Vishnu Dutt, 's nachts naar jaarmarkten ging en dat hij [dat wil zeggen als de overleden Som Dutt] hem daarbij vergezelde. Oktober is een maand van religieuze festivals en jaarmarkten, met name de zogeheten Ramlila. Bindra Devi [Som Dutts moeder] wist niet dat Vishnu Dutt het huis verliet om naar de jaarmarkten te gaan, maar vroeg hier na haar droom naar en stelde toen vast dat dit waar was. Vishnu Dutt bevestigde dit tegenover mij."

Onbekende overledenen

Er is relatief weinig bekend over dromen over overledenen die de dromrivas, 2002er van tevoren onbekend waren. Mogelijk dromen we allemaal wel eens over historische overledenen zonder dat te beseffen en zonder dat dit later duidelijk wordt, doordat er te weinig informatie in de droom voorkomt die we op de een of andere manier zouden kunnen toetsen. Toch zijn er wel enkele gedocumenteerde ervaringen bekend op dit gebied.

Misschien wel het voornaamste type droom over onbekende overledenen betreft de telepathische *aankondigingsdromen* van met name aanstaande moeders of iemand in hun omgeving (de tegenhanger van de reeds genoemde 'departing dreams') over zielen die bij hen zouden reïncarneren (Rivas, 2002). Sommige aankondigingsdromen hebben betrekking op bekende overledenen, maar andere betreffen een onbekende. Een voorbeeld daarvan betreft de Turkse jongen Necip Ünlütaşkıran uit de stad Adana (Stevenson, 1997). Ik heb dit geval al eerder beschreven in een artikel over verschijningen (Rivas, 2003b), omdat dromen over overledenen en verschijningen in dromen in feite op hetzelfde neerkomen. De jongen had allerlei moedervlekken op zijn hoofd, gezicht en bovenlichaam. Rond zijn geboorte droomde Celile, de aanstaande moeder, twee keer over een man die zichzelf Necip noemde en aankondigde dat hij naar haar toe zou komen. Hij vertelde dat hij uit de plaats Mersin kwam en neergestoken was. Op dat moment hadden de ouders al een naam voor de jongen bedacht, namelijk Malik, maar naar aanleiding van de droom besloten ze zijn naam te veranderen. Aangezien er echter al een kind in de familie was dat Necip heette, noemden zijn ouders hem Necati. Zodra het kind kon praten, stond hij er zelf op dat hij Necip genoemd zou worden. Pas later vertelde hij over een vorig leven onder die naam in de plaats Mersin. Hij noemde nog andere details, onder meer dat hij aan het einde daarvan doodgestoken was en hij wees aan op welke plekken hij geraakt was. Later wist men ene Necip Budak te traceren die overeenkwam met de verhalen van de jongen. De huidige familie had nooit eerder van deze man gehoord.

Een relatieve nieuwkomer in de literatuur over contact met overledenen wordt gevormd door verhalen over telepathisch contact met overleden donoren van afgestane organen.

Een dergelijk geval draait om ene Claire Sylvia en is zelfs besproken door de serieuze filosoof Stephen Braude (2003). Claire Sylvia (1997) was een danseres die optrad met diverse dansgezelschappen. In de lopen der jaren ging haar gezondheid achteruit en moest ze een hart- en longtransplantatie ondergaan. Kort na de transplantatie kreeg ze vreemde, erg levendige dromen over een jonge man die ze niet herkende. Uiteindelijk legde ze zelf een link met de 18-jarige orgaandonor wiens hart en longen ze had gekregen. Ze kwam naar eigen zeggen via haar dromen achter allerlei details van de donor, waaronder ook zijn naam, Tim L. Vervolgens trok ze deze gegevens na en ontmoette ze de nabestaanden van de jongeman om haar ervaringen met hen te delen. De verificatie bleek niet eenvoudig, omdat het ziekenhuis haar geen informatie over de donor wou verschaffen. Om het nog vreemder te maken, kreeg een vriend van haar, Fred Stern, een droom over een bezoek aan een openbare bibliotheek. Claire en Fred waren daarin naar de kelder van die bibliotheek gegaan en ze waren daar een artikel tegengekomen in de *Portland Newspaper* over een ongeluk dat kort voor haar operatie had plaatsgevonden. Het verhaal zou betrekking hebben op de donor. Claire en Fred bezochten daarop samen de bibliotheek op zoek naar krantenartikelen over relevante ongelukken. Op die manier kwamen ze er achter dat er een dag voor de transplantatie een 18-jarige jongen, Tim L. geheten, was omgekomen bij een ongeluk met zijn brommer. Sommigen, waaronder nota bene Claire Sylvia *zelf*, concluderen uit haar belevenissen dat mensen na een orgaantransplantatie sterk beïnvloed kunnen worden door de ziel van de overledene die als het ware nog *in* de organen of cellen zou huizen en daarmee als het ware kunnen gaan 'fuseren'. Dit zou zelfs leiden tot vergaande veranderingen in de persoonlijkheid van de ontvanger van de gedoneerde organen. Claire Sylvia zou zo door de transplantatie 'mannelijker' zijn geworden en dol op snacks en bier. De auteur Arjen Rienks (1999), redacteur van het tijdschrift *Wisselwerking* van de Nierpatiëntenvereniging LVD beweert overigens dat het geval van Claire Sylvia waardeloos is, omdat allerlei uitspraken van haar over karaktereigenschappen van Tim uiteindelijk niet bleken te kloppen (eindnoot 3) en omdat ze wel degelijk al over voorkennis zou hebben beschikt voordat ze op onderzoek uitging. Helaas doet hij dit zelf weer in het mijns inziens niet bijster betrouwbare *Skepter*, zodat het voorlopig de vraag blijft of het geval nu wel of niet op waarheid berust. Als we daar uiteindelijk wel van uit mogen gaan, is ook in dergelijke gevallen de interpretatie in termen van telepathische dromen veel aannemelijker dan de verklaring van Claire Sylvia zelf.

Dromen en contact
Het is al langer bekend in de parapsychologie dat dromen een extra goed

medium vormen voor telepathisch contact. Uitgaande van het bestaan van een bewust overleven na de dood en van telepathie, mag je zoals gezegd al bij voorbaat uitgaan van de mogelijkheid van telepathische dromen over overledenen. Zoals we hebben gezien, bestaat hier ook echt deugdelijk bewijsmateriaal voor. Naarmate meer mensen doordrongen worden van de rationaliteit van het concept van telepathische dromen over overledenen, zal de parapsychologie nog beter in staat zijn hier licht op te werpen. Het oude concept van zielen die in dromen contact hebben met levenden is geen "bijgelovige platitude" (Nanninga, 1998), maar verdient het nader wetenschappelijk uitgewerkt te worden.

Eindnoten
(1) Met dank aan Joseph van der Put en Anny Dirven.
(2) De Nederlandse vertaling van *Après la mort*, het derde deel van de trilogie *La mort et son mystère*. De andere delen heten *Avant la mort en Autour de la mort*. Ik hou hier de nieuwe spelling aan bij het citeren van de vertaling.
(3) Rienks beweert zelfs dat familieleden van Tim om die reden het contact met Claire Sylvia verbraken.

Literatuur

- Abdalla, M. (2002). Cardioloog Pim van Lommel haalt bijna-doodervaringen uit het donker. *Paravisie, 17*, 13-27.
- Barbanell, S. (1940). *When your animal dies*. Londen: Spiritualist Press.
- Barrington, M. (1998). *Iris/Lucía - A stolen life*. SPR Conference 1998 (Synopsis of Paper).
- Barrington, M. (2000). Hungarian Iris-Spanish Lucía: Update and provisional conclusion. *Abstracts from the SPR 24h International Congress*.
- Barrington, M. (2002). The case of Jenny Cockell: Towards a Verification of an Unusual 'Past Life' Report. *Journal of the Society for Psychical Research, 66.2*, 867, 106-115.
- Barrington, M., Mulacz, P., & Rivas, T. (2005). The Case of Iris Farczády: A Stolen Life. *Journal of the Society for Psychical Research, 69.2*, 879, 49-77.
- Bender, H. (1983). *Zukunftsvisionen, Kriegsprophezeiungen, Sterbeerlebnisse*. München: R. Piper Verlag.
- Bolzano, B. (1970). *Athanasia oder Gründe Für die Unsterblichkeit der Seele* (ongewijzigde herdruk). Frankfurt am Main.
- Bosga, D. (1986). *Een broertje dood aan spiritisme*. Deventer: Ankh-Hermes.
- Bowman, C. (2001). *Kinderen uit de hemel*. Utrecht: Bruna.
- Braude, S. E. (2002). Out-of-body experiences and survival of death. *International Journal of Parapsychology, 12*, 1, 83-129
- Braude, S.E. (2003). *Immortal Remains: The Evidence for Life after Death*. Rowman & Littlefield, 2003.
- Brinkley, D., & Perry, P. (1994). *Saved by the Light*. New York: Villard Books.
- Broeke, R. v. d. (2005) *Robbert: Van zorgenkind tot medium* Utrecht: Kosmos-Z en K.
- Cierbide, R. (2000). *De Melide a Santiago: Ultimas etapas del Camino*. Euskadi News & Media.
- Delany, F. (1992). *De Kelten: Een Europese cultuur*. Utrecht/Warnsveld.
- Dongen, H. v. (1999). *Geen gemene maat*. Leende: Damon.
- Dongen, H. v., & Gerding, H. (1993). *Het voertuig van de ziel. Het fijnstoffelijk lichaam: beleving, geschiedenis, onderzoek*. Deventer:

Ankh-Hermes.

- DuBois, A. (2007). *De hemel op aarde*. Utrecht: Bruna.

- Ellis, D. (2003). A case suggestive of reincarnation of cats? *The Paranormal Review, 28*, 23.

- Ellis, P.B. (1999). *De Druïden en hun rol in de Keltische samenleving*. Baarn.

- Flammarion, C. (1923). *Na den dood*. Zalt-Bommel: P.M. Wink.

- Flournoy, Th. (1996). *Van India naar de planeet Mars: de meervoudige persoonlijkheid van Hélène Smith; een geheugenonderzoek*. Amsterdam: Candide.

- Fontana, D. (2004). *Is there an afterlife?* Deershot Lodge, Park Lane, Ropley, Hants: O Books.

- French, C.C. (2001). Dying to know the truth: visions of a dying brain, or false memories? *The Lancet, 358*, 9298, 2010.

- Gauld, A. (1982). *Mediumship and survival: a century* of investigations. Londen: Paladin.

- Gerding, H., & Put, J. van der (2001). Rondom geboorte en dood. *Prana, 127*, 28-44.

- Gershom, Rabbijn Y. (1997). *Onmogelijke herinneringen* [Beyond the Ashes]. Zeist: Uitgeverij Vrij Geestesleven.

- Goodman, R. (2000). El extraño caso de Iris Farczády. *Más Alla, 132*, 76-79.

- Gray, L. (1994). *De terugkeer van Peppel*. Deventer: Ankh-Hermes.

- Grey, M. (1985). *Return from Death: An exploration of the Near-Death Experience*. Londen: Arkana.

- Guggenheim, B., & Guggenheim, J. (1997). *Hello from Heaven: A new field of research - After-Death Communication confirms that life and love are eternal*. Bantam.

- Gurney, E., Myers, F.W.H., en Podmore, F. (1886). *Phantasms of the Living*. London: Trübner.

- Guzmán, G., Guanche, J., Aruca, L., Prado, S., & Campos, M.J. (2000). Emigrantes españoles en Cuba. *Excelencias Turísticas Américas y Caribe, 29*.

- Hall, R. (1980). *Dieren zijn als mensen*. Deventer: Ankh-Hermes.

- Hallett, E. (1995). *Soul Trek*. Hamilton: Light Hearts Publishing.

- Harrison, P., & Harrison, M. (1995). *Reïncarnatieverhalen van kinderen*. Deventer: Ankh-Hermes.

- Herm, G. (1975). *De Kelten. Het volk dat uit het duister kwam*. Dusseldorf/Wenen.

- Hinze, S. (1996). *Coming from the Light: Inspiring True Accounts of Life-Before-Life Experiences*. Pocket Books.
- Huisman, F. (1985). *Zo praat je met dieren*. Deventer: Ankh-Hermes.
- *In Memoriam* (1995). SDU-Uitgeverij (2e druk).
- Jacobson, N.O. (1990). *Leven de doden?* Utrecht: Aura (Het Spectrum).
- Jürgenson, F. (1976). *Gesprek met de doden: kommunikatie met paranormale stemmen*. Bussum: Fidessa.
- Klimo, J. (1989). *Channeling: een onderzoek naar het ontvangen van mededelingen uit paranormale bronnen*. Den Haag: Mirananda.
- Klink, J. (1994). *Vroeger toen ik groot was: vérgaande herinneringen van kinderen*. Baarn: ten Have.
- Lavermann, A. (1996). Please Phone Home; over transcommunicatie. *Prana*, 97, 71-77
- Lommel, P. v. (1996). Wat is een bijna-dood ervaring? In: Lommel, P. v., van, et al. *Bijna-doodervaringen: symposiumbundel*. Deventer: Ankh-Hermes.
- Lommel, P. v., Wees, R. van, Meyers, V. , & Elfferich, I. (2001). Near-death experience in survivors of cardiac arrest: a prospective study in the Netherlands. *The Lancet, 358*, 2039- 2045.
- Lommel, P. v. (2007). *Eindeloos Bewustzijn: een wetenschappelijke visie op de bijna-dood ervaring*. Kampen: Ten Have.
- Lönnerstrand, S. (1996). *Shanti Devi. Een verhaal over reïncarnatie* (vertaald uit het Engels). Den Haag: Mirananda.
- Lydecker, B. (1982). *Contact met dieren: hoe mensen met dieren kunnen praten*. Deventer: Ankh-Hermes.
- Mac Kenna, S. (1962). *Plotinus: The Enneads*. Londen: Faber and Faber Limited.
- Maechler, S. (2001). *The Wilkomirski Affair: A Study In Biographical Truth*. New York: Schocken.
- Margolis, Ch. (2003). *Char, het medium*. Utrecht: Servire.
- Meek, G. W. (1982). *Spiricom: An Electromagnetic-Etheric Systems Approach to Communications with Other Levels of Human Consciousness*. Franklin: Meta-Science Foundation.
- Moody, R. (1975). *Life after life*. USA: Covington (Georgia).
- Morse, M. (1990). *Closer to the Light*. New York: Villard Books.
- Nanninga, R. (1998). Zin in andermans bier (Parariteiten). *Skepter (11)*, 4.
- Nanninga, R. (2000). Wedergeboorte in Nederland: Parapsychologisch

172

reïncarnatieonderzoek. *Skepter (13)*, 4, september.
- Nienhuys, J.W. (1989). Hoop doet leven: de wankele argumenten voor reïncarnatie. *Skepter (2)*, 4, december.
- Ogilvie, D. (2006). *De babyfluisteraar.* Amsterdam: Uitgeverij Archipel.
- Osis, K., & Haraldsson, E. (1979). *Op de drempel: Visioenen van stervenden.* Amsterdam: Elsevier Nederland.
- Parnia, S., Walter, D.G., Yeates, R. , & Fenwick, P. (2001). A qualitative study of the incidence, features and aetiology of near death experiences in cardiac arrest survivors. *Resuscitation, 48*, 149-156.
- Praagh, J. van (1999). *Spirituele reizen tussen leven en dood.* Utrecht: Kosmos- Z&K Uitgevers.
- Puri Das, Madhavendra (onbekend). *Evidence that each one of us is inherently different from his body and can function independently of it.* Online paper.
- Radhakrishnan, S. (1977). *Indian Philosophy, vol. 2.* London: Allen and Unwin.
- Randall, J.L. (1998). Animal PSI revisited. *Paranormal Review, 6*, 12-15.
- Raudive, K. (1975). *Paranormale stemmen: gesprekken met overledenen via de geluidsband.* Bussum: Fidessa.
- Rawat, K.S., & Rivas, T. (2007). *Reincarnation: The Evidence is Building.* Vancouver (Canada): Writers Publisher.
- Rienks, A. (1999). Met hart en ziel: een ander mens dankzij een transplantatie. *Skepter, 12*, 1.
- Ring, K. (1998). *Lessons from the Light: what we can learn from the Near-Death Experience.* New York: Insight Books.
- Ring, K., & Valarino, E.E. (1999). *Het licht gezien: bijna-doodervaringen.* Deventer: Ankh-Hermes.
- Rivas, E., & Rivas, T. (1987). *Wetenschappelijk Reïncarnatie-onderzoek* (2e druk). Arnhem: Schoon Genoeg.
- Rivas, T. (1992). Reïncarnatie-onderzoek in Nederland: geïnduceerde gevallen. *Spiegel der Parapsychologie, 31*, 2, 104-109.
- Rivas, T. (1992/1993). Waarom reïncarnatie waarschijnlijk lijkt. *Prana, 74*, 52-54.
- Rivas, T. (1994). Dromen over vorige levens. *Prana, 85*, 43-46.
- Rivas, T. (1996a). Ian Stevenson, onderzoeker van reïncarnatie-herinneringen. *Prana, 97*, 20-24.
- Rivas, T. (1996b). Filosofie van de persoonlijke onsterfelijkheid:

Grondslagen voor survivalonderzoek. *Tijdschrift voor Parapsychologie*, *64*, 3/4, 27-44.

- Rivas, T. (1997). Hebben dieren een bewustzijn? *Psychologie*, *juli/augustus*, 22-25.

- Rivas, T. (1998). Kees: Een Nederlands geval van herinneringen aan een vorige incarnatie met herinneringen aan een toestand tussen dood en wedergeboorte. *Spiegel der Parapsychologie*, *36*, 1, 43-55.

- Rivas, T. (1999a). Bestaat er een dierlijke ziel? *Gezond Idee!*, *46*, 12-13.

- Rivas, T. (1999b). A question of parsimony: animals and PSI. *The Paranormal Review*, *9*, 9-10.

- Rivas, T. (2000a). Herinneringen aan een periode tussen twee levens. *Prana*, *120*, 33-38.

- Rivas, T. (2000b). *Parapsychologisch onderzoek naar reïncarnatie en leven na de dood*. Deventer: Ankh-Hermes.

- Rivas, T. (2001a). Tweelingen en reïncarnatie. *Prana*, *125*, 58-63.

- Rivas, T. (2001b). Heel wat meer dan niets: herinneringen aan een 'tussenperiode'. *Prana*, *127*, 89-93.

- Rivas, T. (2002a). Signalen uit de hemel. *Prana*, *129*, 63-68.

- Rivas, T. (2002b). Kinderen en het fijnstoffelijk lichaam. *Prana*, *131*, 78-83.

- Rivas, T. (2002c). Signalen uit de hemel. *Prana*, *129*, 63-68.

- Rivas, T. (2003a). The survivalist interpretation of recent studies into Near-Death Experiences. *The Journal of Religion and Psychical Research*, *26*, 1, 27-31.

- Rivas, T. (2003b). Spoken bestaan: geestverschijningen met paranormale informatie. *Prana*, *135*, 75- 85.

- Rivas, T. (2003c). *Geesten met of zonder lichaam*. Delft: Koopman & Kraaijenbrink.

- Rivas, T. (2003d). Three Cases of the Reincarnation Type in the Netherlands. *Journal of Scientific Exploration*, *17*, 3, 527-532.

- Rivas, T. (2003e). Bijna-doodervaringen: een vergelijking van filosofische interpretaties. *Tijdschrift voor Parapsychologie*, *70*, 2, 12-15.

- Rivas, T. (2003f). De theoretische interpretatie van Bijna-Dood Ervaringen. *Terugkeer 14*, *3*, 11-14.

- Rivas, T. (2004). *Encyclopedie van de Parapsychologie van A tot Z*. Rijswijk: Elmar.

- Rivas, T. (2006). Telepathische dromen over overledenen. *Prana*, *154*, 29-35.

- Rivas, T. (2007). In Memoriam Ian Stevenson. *Tijdschrift voor Parapsychologie en Bewustzijnsonderzoek, 74*, 1.
- Rivas, T. (2008). Wie is daar? Parapsychologische controverses rond mediumschap. *Prana, 165*, 12-23.
- Rivas, T, & Dirven, A. (2004). Dankbaarheid bij overledenen: Twee mogelijke gevallen. *Tijdschrift voor Parapsychologie, 2*, 16-19.
- Rivas, T., & Dirven, A. (2008). Instrumentele transcommunicatie: moderne apparatuur als poort naar gene zijde? *Paraview, 12*, 4, 18-20
- Rivas, T., & Dirven, A. (2010). *Van en naar het Licht*. Leeuwarden: Elikser.
- Roy, A. (1996). *The Archives of the Mind*. SNU Publications.
- Sabom, M. (1982). E*rinnerungen an den Tod: eine medizinische Untersuchung*. Berlin: Wilhelm Goldmann Verlag.
- Sabom, M. (1998). *Light and Death: one doctor's fascinating account of Near-Death Experiences*. Grand Rapids: Zondervan Publishing.
- Salter, W.H. (1961). *Zoar, or The Evidence for Psychical Research Concerning Survival*. Londen: Sidgwick and Jackson.
- Schul, B. (1977). *The psychic power of animals*. Londen: Coronet.
- Schwartz, G.E. (2002). *The Afterlife Experiments*. Atria.
- Senkowski, E. (1995). *Instrumentelle Transkommunikation*. Fischer Verlag.
- Sheldrake, R. (1999). *Honden weten wanneer hun baas thuiskomt: Een onderzoek naar de mysterieuze vermogens van dieren*. Utrecht: Kosmos-Z&K Uitgevers.
- Smit, R.H. (2003). De unieke BDE van Pamela Reynolds (uit de BBC-documantaire 'The Day I Died'). *Terugkeer, 14* (2).
- Smith, P. (1989). *Animal talk: Interspecies telepathic communication*. Point Reyes, CA: Pegasus Publications.
- Stevenson, I. (1974). *Twenty cases suggestive of reincarnation*. Charlottesville: University Press of Virginia.
- Stevenson, I. (1975a). *Cases of the reincarnation type, vol. I. Ten cases in India*. Charlottesville: University Press of Virginia.
- Stevenson, I. (1975b). *Hypnotic regression to 'previous lives': a short statement*. University of Virginia Medical Center: Division of Parapsychology, Department of Psychiatry.
- Stevenson, I. (1983). Cryptomnesia and parapsychology. *Journal of the Society for Psychical Research, 52*, 1-30.
- Stevenson, I. (1987). *Children who remember previous lives: A question of reincarnation*. Charlottesville: University Press of Virginia.
- Stevenson, I. (1997). *Reincarnation and Biology: A contrib ution to*

the etiology of birthmarks and birth defects. Westport/Londen: Praeger.
- Stevenson, I. (2000). *Bewijzen van reïncarnatie*. Deventer: Ankh-Hermes.
- Stevenson, I. (2003). *European Cases of the reincarnation Type*. Jefferson/Londen: McFarland & Company.
- Story, F. (1975). *Rebirth as doctrine and experience*. Kandy: Buddhist Publication Society.
- Sijden, van der P.C. (1992). Reïncarnatie en Parapsychologie. *Spiegel der Parapsychologie*, *31*, 1, 23-29.
- Sylvia, C., & Novak, W. (1997). *A Change of Heart: a Memoir*. Warner Books.
- Tabori, C. (1951). *My occult diary*. New York: Rider and Company.
- Tenhaeff, W.H.C. (1965). *Het spiritisme*. Den Haag: Leopold.
- Wees, R. van (1996). Inleiding, in Lommel, P. van, et al. *Bijna-doodervaringen: symposiumbundel*. Deventer: Ankh-Hermes.
- Zammit, V. A (2000). *Lawyer Presents the Case for the Afterlife*. (Nederlandse versie online te downloaden op http://skeptics.victorzammit.com/book/dutch/index.htm)
- Zorab, G. (1980). *D.D. Home, het krachtigste medium aller tijden: een biografie en een verdediging van de authenticiteit van de bij hem waargenomen verschijnselen*. Den Haag: Leopold.

Over de auteur

De filosoof en theoretisch psycholoog drs. Titus Rivas (1964) studeerde in 1994 af in de systematische filosofie aan de Universiteit van Amsterdam met de scriptie *Filosofische grondslagen van empirisch onderzoek naar leven na de dood*. In 1993 had hij reeds een afstudeeronderzoek, *Bewustzijn bij dieren*, afgesloten, geschreven samen met zijn broer dr. Esteban Rivas, als onderdeel van zijn studie theoretische psychologie aan de Rijksuniversiteit Utrecht. Vanaf 1996 is hij onderzoeker bij Athanasia, een stichting voor parapsychologisch onderzoek naar leven na de dood en de persoonlijke evolutie van de ziel. In dat jaar studeerde hij ook af in de theoretische psychologie aan de Rijksuniversiteit Utrecht.

Titus Rivas heeft talrijke artikelen gepubliceerd over onder meer ontologische, ethische, axiologische, parapsychologische, dierpsychologische en sociale vraagstukken bij uiteenlopende tijdschriften als *Revista de Filosofía*, *Gezond Idee!*, *Tijdschrift voor Parapsychologie*, *Animal Welfare* en de *Journal of Religion and Psychical Research*. Andere publicaties zijn onder andere de volgende:

In 2000 verscheen zijn boek *Parapsychologisch onderzoek naar reïncarnatie en leven na de dood* (Deventer, Ankh-Hermes), in 2001 zijn doorlopende schriftelijke Cursus Parapsychologie bij de Nationale Handelsacademie (Panningen) die in 2009/2010 werd gevolgd door de NHA-Cursus Filosofie en Levensbeschouwing. Begin 2003 publiceerde hij de filosofische verhandeling *Geesten met of zonder Lichaam* (Delft, Koopman & Kraaijenbrink) en begin 2004 een *Parapsychologische Encyclopedie* (Rijswijk, Elmar). In 2007 schreef Rivas het boek *Gek Genoeg Gewoon* met Tilly Gerritsma (Deventer, Ankh-Hermes) en in 2010 *Van en naar het Licht* met Anny Dirven (Leeuwarden, Elikser). In 2011 verscheen bij Lulu.com eerder al de derde druk van de bundel *Onrechtvaardig Diergebruik*.

De auteur is te bereiken op het volgende adres:

"Athanasia"
p/a Darrenhof 9
6533 RT Nijmegen
titusrivas@hotmail.com

www.ingramcontent.com/pod-product-compliance
Lightning Source LLC
Chambersburg PA
CBHW081052170526
45165CB00006B/2251